靶向送风原理与技术

高 然 著

科学出版社

北 京

内 容 简 介

气流组织是改善室内空气品质的有效途径，同时它也决定了室内人员的热舒适水平及通风空调系统的运行效率。全书共7章，总结分析了常见气流组织形式及评价方法，提出了一种名为靶向值的气流组织评价及优化指标，针对全面通风、局部通风、岗位通风等不同尺度通风方式，探究了气流组织的靶向评价、靶向优化及靶向送风末端设计方法。

本书可供暖通空调领域的科研工作者、专业技术人员参考，也可作为研究生、本科生的教学参考书或专题讲座教材。

图书在版编目(CIP)数据

靶向送风原理与技术 / 高然著. —北京：科学出版社，2021.3
ISBN 978-7-03-068208-6

Ⅰ.①靶…　Ⅱ.①高…　Ⅲ.①压入式通风　Ⅳ.①TU834.3

中国版本图书馆CIP数据核字(2021)第039363号

责任编辑：刘宝莉 / 责任校对：胡小洁
责任印制：吴兆东 / 封面设计：陈　敬

科学出版社 出版
北京东黄城根北街16号
邮政编码：100717
http://www.sciencep.com
北京九州迅驰传媒文化有限公司 印刷
科学出版社发行　各地新华书店经销
*
2021年3月第 一 版　开本：720×1000　1/16
2021年3月第一次印刷　印张：11 1/4
字数：224 000

定价：88.00元

(如有印装质量问题，我社负责调换)

前　　言

当代社会，人类一生大部分时间是在室内度过的。室内环境营造的好坏直接关系到人们的安全、健康和舒适。气流组织是改善室内空气品质最为有效的途径，也是通风空调系统与室内人员接触的最后一环。它同时决定着室内人员的热舒适水平及通风空调系统的运行效率。近百年来，气流组织技术有了长足发展，其形式也从单一的混合通风，发展至如今的置换通风、层式通风、竖壁贴附通风、冲击射流通风、岗位通风等多种形式。面对如此众多的气流组织形式，如何进行评价及优化，是暖通空调研究、设计、施工人员所关心的重要问题。

为此，本书类比了射流过程与射击过程之间的共同点，总结分析了现有常见气流组织形式及评价方法，提出了一种基于方差的名为靶向值的气流组织评价及优化指标；针对全面通风、局部通风、岗位通风等不同尺度通风方式，探究了气流组织的靶向评价、靶向优化及靶向送风末端设计方法。所提出的靶向值能够描述各种技术手段所营造的室内流场与所期望营造的设计流场之间的定量差距，同时可用于分析通风可及性和通风有效性，有望解决室内不均匀流场的优化评价问题。

本书的相关研究成果得到了国家自然科学基金青年科学基金项目(51508442)和国家自然科学基金面上项目(51878533)的资助，在此深表谢意。

在本书完稿之际，我要感谢恩师李安桂教授。正是导师严谨的治学态度和高度的责任感，激励我对多年的研究内容进行了延伸及总结，成为撰写本书的动因。在此向恩师多年来对我的扶持和培养表示深深的谢意！

在本书的撰写过程中，我的研究生王成哲、张恒春、来婷、厉海萌、周航、张雍宇、王毅、尚颖辉、刘博然、杜雪情、赵可杰等做了不少工作，在此向他们一并表示感谢！

由于作者水平有限，书中难免存在不足之处，热忱欢迎同行前辈和广大读者批评指正。

目　　录

1　靶向的概念

1.1　射击与靶向

射箭被认为是中国古代体育项目的鼻祖。在距今 2.8 万年左右的山西峙峪人文化遗址中,人们就发现了石制的箭座及箭镞。夏朝时已经有了教授射箭的专职教员,同时还有了习射机构——“序”。周代礼、乐、射、御、书、数的“六艺”教育中,射箭就是一项很重要的内容,以致形成了以竞赛为特色的礼仪形式——射礼,这可以说是我国古代历史上最早的射箭比赛了。唐代射箭活动得到了极大发展。武则天设立了武举制,在武举制里规定了九项选拔和考核人才的标准,其中五项是射箭,包括长跺、马射、步射、平射和筒射。

如图 1.1 所示,射箭的过程是准确地将箭矢投送至箭靶的过程,即靶向(targeting)的过程。靶向的概念是把一件或一组事物作为目标,选择它或它们来进行各种行动。除了向箭靶射箭以外,靶向一词在医疗、生物工程等行业常被提及。

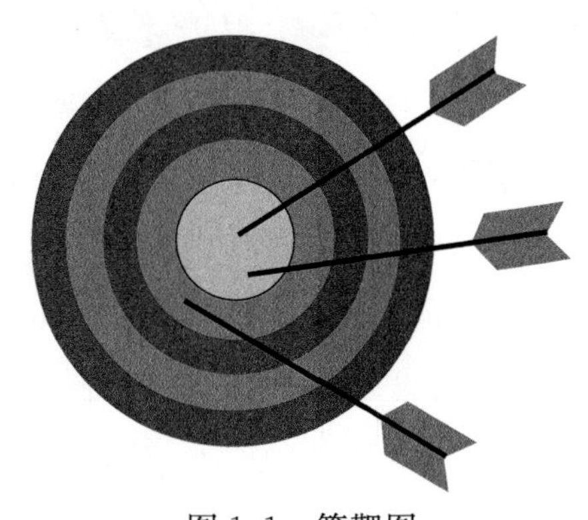

图 1.1　箭靶图

靶向的概念可见于医疗行业，用于形容被赋予了靶向能力的药物或制剂。如部分基因突变之后会造成其编码蛋白发生改变，从而在肿瘤细胞的某一部位出现一个异于正常细胞结构的蛋白。靶向药物的空间结构恰与此蛋白的某一关键部位嵌合。靶向药物可以阻止这个蛋白发挥作用，例如，让肿瘤细胞不能发出信号，最终导致肿瘤细胞死亡[1]。

在生物工程方面，还存在基因靶向概念。基因靶向是一种利用同源重组改变内源基因的遗传技术，可用于准确地删除基因、删除外显子、添加基因和引入点突变。基因靶向可以是永久性的，也可以是有条件的[2]。

不论是使用弓箭、掷矛还是枪械进行射击，其伤害面积都是有限的。因此，准确性就是判断射术好坏的标准。与评价射击这一过程的准确性一样，靶向过程的准确性也需要定量化的评价方法及理论体系。在评价靶向这一过程中，首先应区分靶向结果评价和靶向过程评价这两个概念。

误差是评价靶向过程准确度的评价指标体系。根据误差产生的原因及性质，可分为系统误差与随机误差两类。系统误差是由于仪器结构上不够完善或仪器未经很好校准、试验本身所依据的理论和公式的近似性、对试验条件和测量方法考虑不周等原因产生的误差。随机误差也称偶然误差或不定误差，是由于在测定过程中一系列有关因素微小的随机波动而形成的具有相互抵偿性的误差，其产生的原因是分析过程中种种不稳定随机因素，如室温、相对湿度、气压、人员操作以及仪器的不稳定等因素的影响。随机误差的大小和正负都不固定，但多次测量就会发现，绝对值相同的正负随机误差出现的概率大致相等，它们之间常能互相抵消，可以通过增加平行测定的次数取平均值的办法减小随机误差。标准差(也称均方差或方差)常被用来表达随机误差，它是各数据偏离其平均数距离的平均值，在概率统计中常作为反映组内个体间离散程度的指标。

在评价误差时真值是不确定的，所以常用平均值来代替真值。而在通风空调领域中，真值是确定的，因为通风空调系统所服务对象的需求是确定的。标准差可以用来表示通风空调系统所营造环境的实际参数与目标参数之间的差别。

1.2　通风空调气流组织中的工作区

通风空调气流组织中的工作区指通风空调系统所需要保障的区域，即射流的“靶子”。在以人为主的舒适性空调领域，工作区一般是房间内2m以下的人员活动区域。在以工农业生产为主的工艺性空调领域，工作区则是需要进行通风空调的区域。表1.1为常见的各种气流组织工作区（控制区）范围，对于不同的保障调控对象，可根据需求选择工作区（控制区）范围[3]。

表1.1　各种气流组织工作区（控制区）范围

围护结构或设备	控制区的边界与围护结构或设备之间距离/m		
	置换通风	竖壁贴附通风	混合通风
风口所在的墙壁或柱面	0.5～1.5	1.0	1.0
外墙、门、窗	0.5～1.5	1.0	1.0
内墙、未设送风口的柱面	0.25～0.75	0.5	0.5
地板	0～0.2	0.1	0
地板到顶部距离	1.1[1)]～2.0[2)]	2.0	1.8

1）坐姿为主时的取值。
2）站姿为主时的取值。

表1.1中的工作区仅针对一般建筑，是人们生产、生活的区域。随着暖通空调技术的整体发展，原本应用于建筑、仅服务于人的通风空调系统并不能满足实际需求，其应用领域逐渐扩展到各行各业。一方面要满足人的多样需求，另一方面要满足动植物、设备、工艺需求，总之在具有营造适宜空气环境需求的人工环境中，都具有工作区（保障范围）这一概念。如图1.2所示，根据不同的环境营造需求，可分为如下工作区：

(1) 服务于人体医疗的人工呼吸、医用吸氧机，其工作区为人体肺部。

(2) 服务于人生产、生活的车厢通风、船舱通风、机舱通风、地下通风、建筑通风，其工作区为人所活动的整个区域。

(3) 服务于动植物的猪圈通风、大棚通风、粮仓通风，其工作区为动植物养殖、生长或存放的区域。

(4) 服务于电气设备的数据中心通风、水泵房通风、电梯间通风，其工作区为电气设备安置的区域。

(5) 服务于居住环境的小区风环境及城市通风、大气污染物迁移及输运(全球气象洋流现象)，其工作区为建筑所处区域。

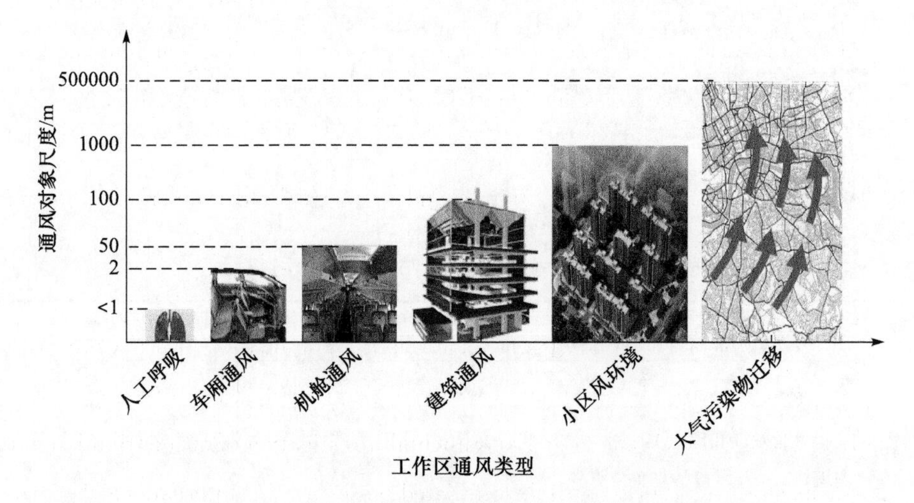

图 1.2　不同工作区通风类型及其对象尺度

1.3　室内不均匀流场的评价

室内流场问题的实质是射流问题，按照边界条件的简化形式，可分为自由射流和受限射流。射流本身沿射程方向不断卷吸周围空气，因此射流速度逐渐降低，这种速度的变化还受障碍物、热浮升力等因素的影响。另外，在非等温建筑空间，射流流经各种非等温表面，会与周围空气及障碍物之间不断地进行热交换，射流内的空气温度也会随之发生不均匀的变化。因此,在室内温度场中,常见的是不均匀的室内流场。在不均匀的室内流场中,温度、风速、压力等参数以及平均热感觉指数(predicted mean vote,PMV)、预计不满意者比例(predicted percentage dissatisfied,PPD)等指标也是不均匀的。相比于均匀流场的评价问题,不均匀流场的评价问题更为困难。

在评价气流组织方面,常会遇见如图 1.3 所示的典型案例。如图 1.3(a)所示的房间内左侧室内温度场偏高,而右侧室内温度场偏低。如图 1.3(b)所示的房间内温度值整体偏高,但偏高的幅度小于图 1.3(a)。如果用空气分布特性指标(air diffusion performance index,ADPI)进行计算,由于图 1.3(a)和(b)的温度偏高或偏向程度均可能没有达到有效温度差(effective temperature,ΔET)的阈值,图 1.3(a)和(b)的 ADPI 可能是相同的。这表明 ADPI 无法确定上述两个流场哪一个流场更优。同样无法合理评价此类流场的还包括 APDI、PMV、PPD、速度不均匀系数、温度不均匀系数等指标。

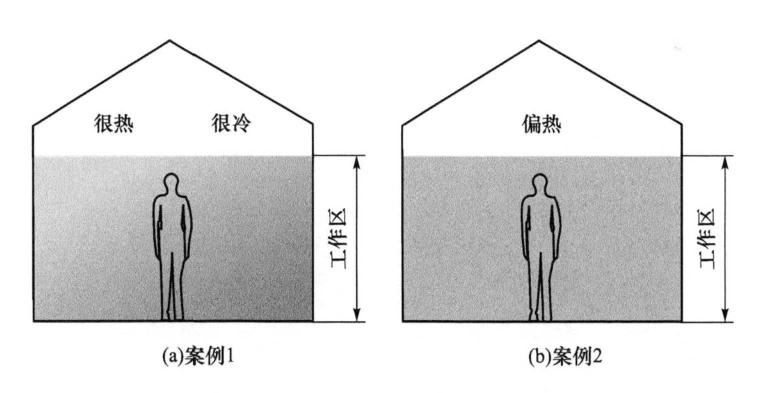

图 1.3 室内两种不均匀温度场示意

1.4 不同区域、不同需求流场的统一评价

建筑空间常为多个子空间的叠加,不同的子空间由于功能需求不同往往有不同的环境控制要求。传统室内环境的营造方法主要针对整体

空间、单一目标参数，试图营造近似均匀的空气参数环境。但同一空间的不同位置（区域）可能会同时存在有差异的参数需求。面向该类需求在各位置或区域间营造有差异的参数环境，即非均匀环境的营造，是现阶段气流组织研究领域的研究重点之一。

成功营造非均匀热环境能带来包括节能在内的诸多好处。如采用分层空调气流组织形式时，仅对高大空间的下部区域进行空气调节，并保持一定的温湿度。分层空调气流组织形式对上部区域不进行空气调节，这时室内存在温度分层使得围护结构传热量减小。相对于全室空调而言，高大空间分层空调的冷负荷更小，同时分层空调在夏季可节省冷量、初投资和运行能耗。

以图 1.4 所示的高大空间分层空调（冬季工况）为例，其具有设备区 A、人员活动区 B、上部空间区 C 三个区域。对于冬季热风供暖工况，上述三个区域的控制参数是不同的。以温度为例，设备区 A 的控制温度一般为 5℃（防冻要求）；人员活动区 B 的控制温度一般为 18℃（热舒适要求）；上部空间区 C 没有具体要求，但从能量守恒的角度看，希望设备区、人员活动区两个区域的热量尽可能不要向上部空间扩散，上部空间区 C 的温度越低越好。

图 1.4　高大空间分层空调

对这一包含多个子空间的建筑空间的环境评价面临以下难点：

(1) 不均匀场的定量评价问题，如对两个工况进行选优，一个工况为区域设备区的温度偏高、人员活动区温度偏低；另一个工况为设备区的温度偏低、人员活动区温度偏高。现有评价指标难以评价设备区和人员活动区温度场的定量优劣程度。

(2) 现有评价指标难以利用单一的数值来分别衡量多区域环境营造效果的好坏。

(3) 现有评价指标对非均匀场的评价失效，因此也难以在指标数值的基础上给出合理的气流组织形式，营造目标环境。

1.5 气流组织工作区的简化

为了使环境空气参数尽可能地接近目标参数，尽可能地使气流覆盖工作区同时减少能耗，在针对不同建筑空间进行气流组织设计时，应首先对工作区的体积进行优化。工作区本身应设立优先级，并满足能量梯级利用要求。如图 1.5 所示的隧道发生火灾时，烟气会在整个隧道内蔓延。此时，应开启隧道内的通风设备，对隧道进行通风排烟。在排烟时，工作区的选取直接决定了隧道风机的体量(初投资及可实施性)及有效性(工作区越小风量越大，控制效果越好)。

把整个隧道作为工作区，对隧道整体进行纵向通风(沿垂直纸面方向进行通风)。这种气流组织形式对火灾烟气的控制是通过稀释整个隧道内的烟气使其浓度降低至不危及人员生命的程度来实现的。在人员逃生过程中，人员的逃生区域(工作区)是隧道的下部区域，隧道的上部区域(2m 以上)不作为逃生区域。在风量一定时，逃生区域越小则断面风速越大，通风效果越强。在此基础上，进一步优化工作区的大小。从人员疏散的角度考虑，隧道下部区域也不是最小工作区，因为下部空间还有车辆等障碍物的阻挡。大多数司乘人员可以从隧道边部的人行道区域逃生，此时工作区可以进一步缩小为隧道边部的人行道区域。在人行道区域，最需要保障的是人行道区域内的呼吸区，对呼吸区进行送风能够保障人员逃生时的视野需求和呼吸新鲜空气需求。因此，对于上述隧道火灾工况下的隧道进行通风排烟时，首先应保障隧道边部人行道区域内呼吸区的空气安全，其次是整个边部区域，再次是隧道下部区域，而隧道的上部区域不需要保障。在这一优先级下，可以设计一种气流组织形式，使其先经过人行到区域的呼吸区，其次经过整个边部区域，再次经过隧道下部区域，从而最大限度地保障人行道区域的空气安全。

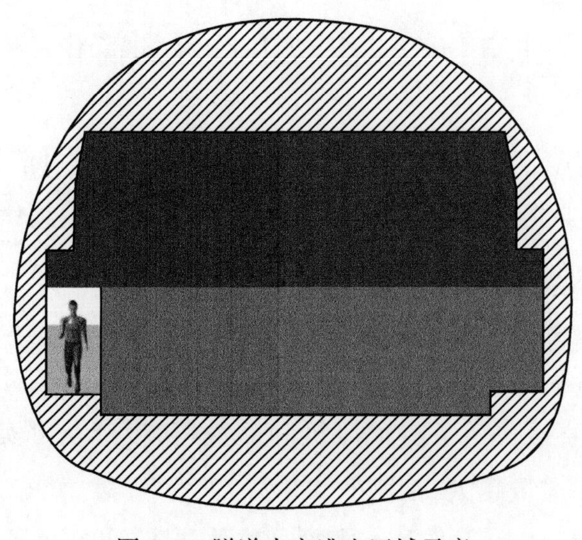

图 1.5　隧道火灾逃生区域示意

1.6　热舒适及能耗之间的关系

对工作区保障问题的实质是在满足人员热舒适或安全的前提下，尽可能地降低设备初投资及运行费用。单纯地评价能耗或单纯地评价热舒适都会使得最终结论有所偏差。如图 1.6 所示，如果对所营造环境满意程度及能耗进行分析，可以获得使用该气流组织形式所营造环境的满意程度(1－PPD)与能耗之间的函数关系。在满足所营造环境满意程度要求的前提下(如1－PPD＞80％)，位于系统所营造环境的满意程度及其能耗关系曲线之上时，可以认为这套系统是节能的；反之，则认为是不节能的。

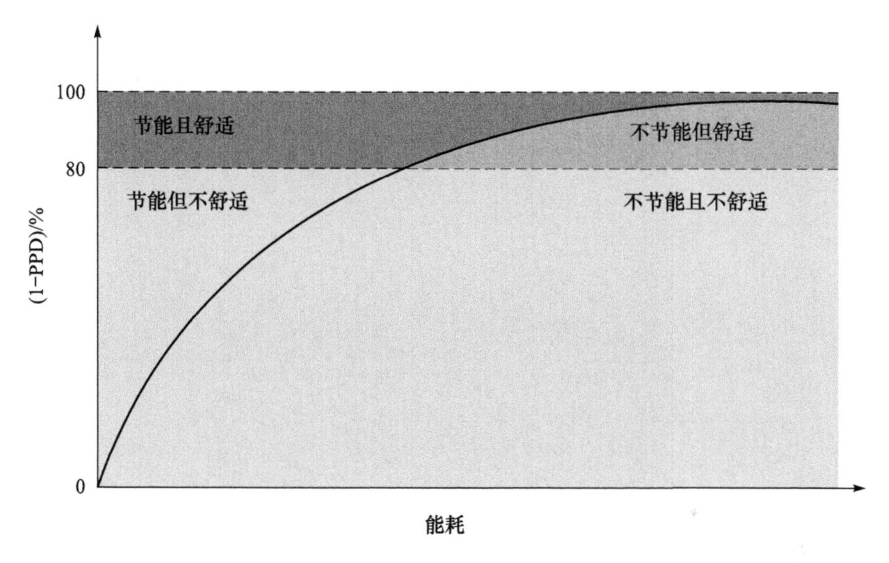

图1.6　常见通风空调系统能耗与所营造环境满意程度关系

但是，仅用能耗与所营造环境满意程度之间的关系来评价通风空调系统的优劣也有局限性。因为不同建筑类型所营造环境的满意程度-能耗曲线往往形式不一。评价具有差异性需求的人群，其热舒适指标也有所不同。在通风空调领域，图1.6中曲线形式的改变意味着气流组织形式在优化过程中的目标函数产生变化，这一变化会导致优化结果的差异。因此，为了给气流组织形式在优化过程中赋予一个明确的目标函数，可以将优化目标变更为尽可能缩小试图营造的室内环境(设计室内环境)与实际营造出的室内环境之间的定量差别。而试图营造的室内环境参数则可以通过针对不同建筑及人员设备需求的热舒适和能耗关系给出。

参考文献

[1] Benita S. Submicron Emulsions in Drug Targeting and Delivery[M]. Boca Raton: CRC Press,2019.

[2] Mcwhir J,Thomson A. Gene Targeting and Embryonic Stem Cells[M]. Oxfordshire: Taylor and Francis,2012.

[3] Mundt M,Mathisen H M,Moser M,et al. Ventilation Effectiveness:Rehva Guidebooks[M]. Helsinki: Forssan Kirjapaino Oy,2004.

2 常见气流组织形式

长期以来,通风空调的任务便是利用人工方式,设计合理的气流组织形式,创造安全、舒适、卫生的人居环境。通过合理的气流组织形式,控制环境中空气温度分布、速度分布、湿度分布、污染物浓度分布等。不同的房间结构、房间功能适应不同的气流组织形式,因此,气流组织形式有很多种。

气流组织形式根据其能耗及作用可分为全面通风气流组织形式和岗位通风气流组织形式,本章将对这两类中常见的气流组织形式一一介绍。

2.1 全面通风气流组织形式

1. 混合通风

人们一直在探索将空气射流更好地投送到工作区的方法(靶向过程),并且寻找使工作区的空气速度、温度、湿度均能满足要求的气流组织形式。混合通风(mixed ventilation,MV)是众多气流组织中最为常见也是最多被采用的形式。混合通风原理如图 2.1 所示。

在大型空调系统设计中,为了节约空气分布系统成本、降低装修费用、提升装修美观效果、降低施工难度,设计者们常采用混合通风形式。混合通风主要采取稀释的方式调节室内环境中的空气,即通过送入已处理过的空气来稀释室内的余热、余湿、污染物。在混合通风气流组织形式下,送风与室内气流强烈掺混,风口紊流系数越大则风口掺混性越好[1]。

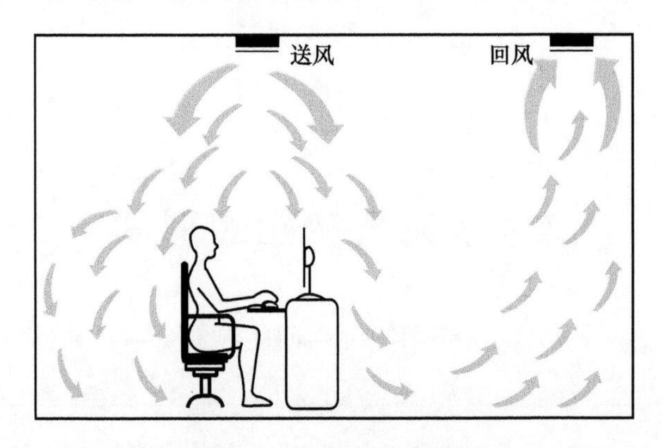

图 2.1 混合通风原理图

室内空气的质量(温度、湿度、污染物浓度)与回风相近。在具有热源、湿源、污染物的房间中,混合通风从原理上不能根除室内的余热、余湿及污染物,但是可以通过稀释将其控制在可接受的范围内。混合通风一般可分为上送上回、上送下回、下送上回、中间送上下回等具体形式。

2. 冷天花板通风

冷天花板通风(diffuse ceiling ventilation,DCV)是通过具有多孔介质或具有小孔的天花板,向室内送风的气流组织形式。冷天花板通风原理如图 2.2 所示。冷天花板通风的气流组织形式相对于传统风口能够有效利用天花板的巨大面积,向房间送入极低风速的空气。

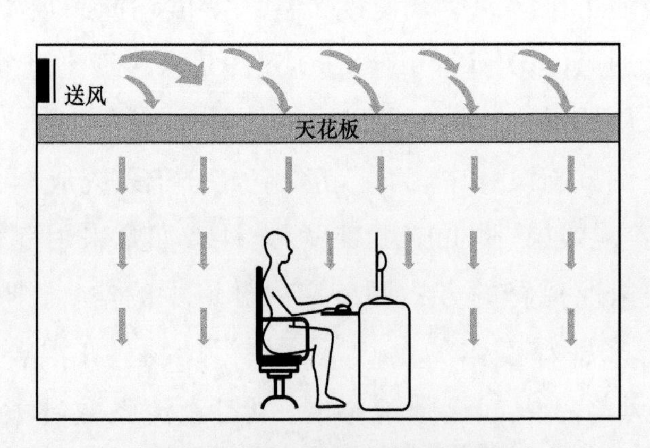

图 2.2 冷天花板通风原理图

冷天花板通风使空气以极低的风速进入室内后，在重力的作用下从天花板顶部自上由下落到人员工作区。与此同时，冷天花板本身在与送风气流换热的过程中温度降低，还可与室内的人员进行辐射换热[2]。由于冷天花板通风方式的送风风速极低，使人体很难感受到明显的吹风感。并且由于送风面积大，送风范围广泛，冷天花板通风方式下的房间各个角落人员均可感受到冷感，即室内流场相对均匀。另外，冷天花板通风采用的是顶部正压送风，相比于其他的气流组织形式，能够减少施工难度并节约成本，系统对管道的需求也较少。

由于冷天花板通风具有辐射供冷功能，因此天花板温度相对较低，易导致天花板结露，造成房顶滴水、天花板发霉等问题。而在冬季工况下送风速度过低不能打破密度差引起的垂直热分层，这使热空气在房间上方集聚，不利于除去房间下部的冷负荷。另外，采用该种通风形式，必须考虑房间高度的因素，高大空间采用冷天花板通风时，空气从天花板渗入室内，冷空气不断与房间内的热空气结合使得冷空气温度上升，当冷空气到达人员工作区时，空气温度可能已经无法满足人体的热舒适要求。

3. 置换通风

置换通风(displacement ventilation，DV)对余热、余湿及污染物的控制主要体现在对空气置换过程中。置换通风原理如图 2.3 所示。置换通风的送风口通常都靠近地板，其出口风速一般为 0.3m/s 左右，使得送风气流与室内空气的掺混量很小。送风温度与室内温度差为 2～4℃(送风温度在 17℃以上，至少比室内温度低 0.6℃，整个房间工作区内垂直温差在 3℃以内)[3]。送入室内的低速、低温的新风在重力作用下先是下沉，随后慢慢扩散，在地面形成薄薄的一层空气湖。室内热污染源产生的热浊气流由于浮力作用而上升，并不断卷吸周围空气。热浊气流上升过程中的卷吸作用、后续新风的推动作用以及排风口的抽吸作用，使覆盖在地板上方的新鲜空气也缓慢向上移动，形成类似向上的活塞流。工作区内的污浊空气被后续的新风所取代，当达到稳定状态时，室内空气在温度、浓度上会形成两个区域——上部混合区和下部单向流动的清洁区，室内空气的分层可以保证人员处于清洁区。

图 2.3　置换通风原理图

置换通风的热舒适以及室内空气质量良好，噪声小，空间特性与建筑设计兼容性好；适应性强，灵活性大；送风温差小，送风温度高，冷水机组的蒸发温度可以提高，机组的能耗降低约 3%，处理新风所需的能耗降低约 20%；由于热力分层的特点，房间上部区域的负荷不必考虑，设计计算负荷可减少 10%～40%；上部排风温度比人员活动区温度（室内设计温度）高，减小了上部围护结构与室外的传热，同样具有节能效果[4]。

置换通风由于送风温差小，制冷所需要的送风量也较大，风机能耗变大，风管体积相应增大，因此所需用的初投资和运行费用也会相应增加。

4. 地板通风

地板通风（under floor air distribution，UFAD）是通过位于建筑结构板和活动地板之间的静压箱，将处理后的新风输送至地板送风口，再通过地板送风口将新风送入室内。地板通风原理如图 2.4 所示。地板通风与置换通风相比，强调的是从地板这一建筑构件自下而上进行送风，因此并不一定能够形成稳定的热分层，即并不一定能够实现置换通风。与置换通风对空气的垂直推移作用相对应，由于送风口覆盖区域有限，地板通风的下部空间可能存在送风气流的卷吸，但通过适当的调节地板送风，能够起到置换通风的效果。

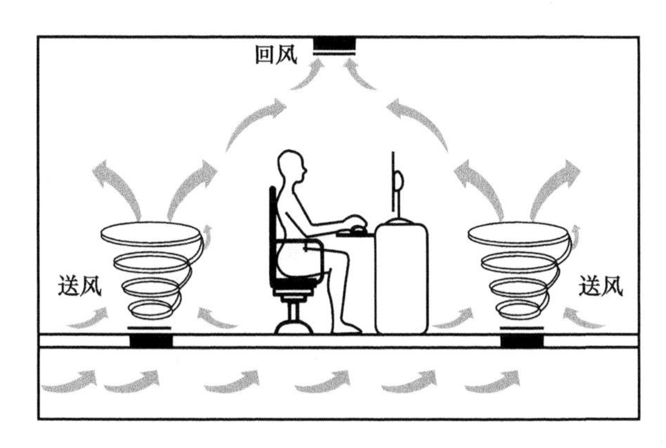

图 2.4　地板通风原理图

办公室常常采用地板通风系统，与被调节空间相比，静压箱的加压范围一般为 10～25Pa。地板下的静压箱以及部分管道系统都可用于分布气流。地板散流器有旋流风口、百叶风口等类型。在制冷工况下地板散流器送风温度保持在不低于 18℃（由于静压箱中的温度增加，通常温度会升高），以避免附近人员处于不舒适的冷环境中[5]。

地板通风通过对人员单独控制局部热环境以提高人员的热舒适程度。在工作环境中，由于个体之间着装不同、活动量不同以及局部得热/散热的差异，人员对环境的热舒适要求也不同。目前商用的由风机驱动的地板散流器，其温度调节范围可达 9℃，控制范围可以满足各种人员热舒适要求。对于被动散流器（散流器不依靠局部风机驱动），温度调节范围为 2～3℃[6]。试验发现，人员对环境温度变化敏感的人数是不敏感人数的 2 倍[7]。地板通风使环境温度变化较小，满足绝大部分人员的热舒适要求，这些都充分说明了地板通风的优越性。

地板通风送风口设置在地板表面，为满足中上部空间的人员热舒适要求，则必须使送风口具有较大风速，这就可能会造成脚踝附近较强的吹风感，在一定程度上影响了人员的热舒适。

5. 层式通风

层式通风(stratum ventilation，SV)作为一种新型通风方式，通过位于侧墙上略高于工作区高度的送风口来实现[8]。层式通风的特点是将新鲜空气层直接送到工作呼吸区。其回风口可以布置在房间的上部、中部和下部。层式通风中，侧送侧回层式通风最为常见。侧送侧回层式通风原理图如图 2.5 所示。当回风口布置在房间上部时，室内排污效果要优于回风口布置在房间侧墙中部和下部，当回风口位于房间顶部时，室内污染物平均浓度最低，且通风效率高于回风口布置在房间侧墙中部和下部的方式。

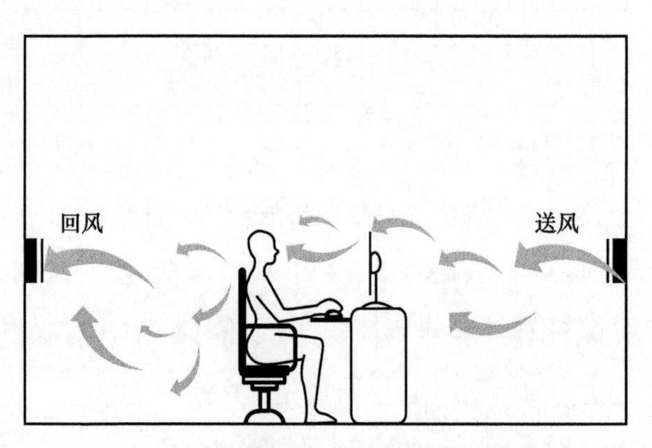

图 2.5　侧送侧回层式通风原理图

相比于置换通风，层式通风空气直达呼吸区，故采用层式通风的房间内呼吸区的污染物浓度更低。层式通风通过加强气流运动(风速和紊流强度)来满足人体热舒适要求。较大的送风速度往往需要配合较高的送风温度(>20℃)以避免冷感及热不舒适[9]，较高的送风温度能够相对提高制冷装置的冷凝温度，进而提高制冷装置的能效比，具有节能意义。此外，层式通风在呼吸区中增加的气流运动可以补偿由于气温升高而引起的热舒适的下降。在设计安装时,风管安置在空腔壁中,而不安装在天花板空隙中,因此层式通风可以节省房间的纵向空间。

采用层式通风设计时,需要同时考虑房间进深及射流射程。若房间横向距离较大,为满足后排人员的热舒适要求,则必须提高送风风速。这会使得前排人员感受到较强的吹风感。另外,采用层式通风时,需要将送风口布置于房间中部。而在房间中部布置风口有可能影响建筑美观及使用功能。

6. 冲击式射流通风

冲击式射流通风(impingement jet ventilation,IJV)常用于人员位置没有明显变化的建筑中,如学校、办公室和一些工业建筑[10]。冲击式射流通风将具有高动量的空气向下撞击地板,撞向地板的空气会通过非常薄的剪切层沿地板向四面八方扩散。冲击式射流通风原理如图 2.6 所示。采用冲击式射流通风可以克服由热源产生的浮力,使得在冬季工况下的热空气可以扩散至更远的区域。冲击式射流的流场由三部分组成,包括自由射流区、撞击射流区和贴壁射流区。

图 2.6　冲击式射流通风原理图

与混合通风相比,夏季工况下冲击式射流通风能够使室内形成稳定的热分层,以提高室内空气质量、降低能耗。冬季工况下冲击式射流通风能够提供更多的动量，相比置换通气可以克服浮力并能够作用于更大的工作区。

在夏季，冲击式射流通风可将冷空气直接输送到工作区，但冷空气会与地板碰撞，造成冷空气的动能降低，向外扩散的距离有限。另外，在送风口附近的人员会因为风速过大，可能会造成局部热不舒适。

7. 分层空调通风

对于高大空间，通过送排风口的合理布置，可以做到仅对下部区域进行空气调节，而对上部较大空间不予送风。这时，空间内的气流呈现分层效果，因此能够实现这一效果的气流组织形式被称为分层空调通风(stratified air conditioning，SAC)。分层空调通风虽然被称为空调，但其是一种气流组织形式。

分层空调通风通常将送风口设在高大空间的中部，以送风口安装高度为界，其以下部分为空调区，以上部分为非空调区。分层空调通风原理如图 2.7 所示。分层空调通风采用单侧或双侧水平送风，下部同侧回风。这一风口布置方法使工作区处于回流区，从而获得相比其他气流组织形式更为均匀的速度场和温度场。当非空调区具有一定的热量时，分层空调通风可采用屋顶排风的方式，排除这部分热量，以减少对空调区

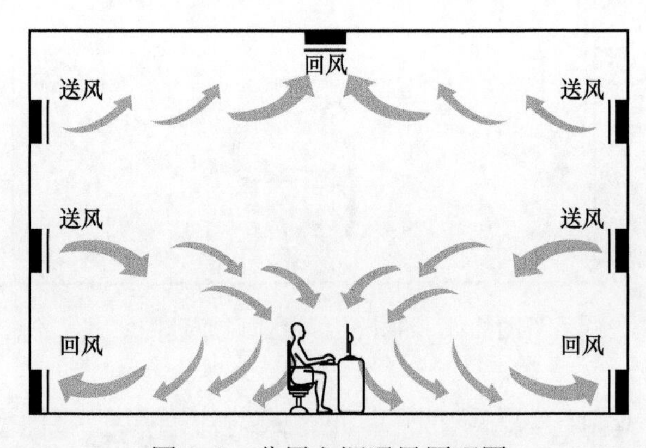

图 2.7 分层空调通风原理图

的影响。分层空调通风与全面通风气流组织形式相比,仅关注建筑物下部空间,因此可以减少14%～50%的冷负荷,冷负荷的减少可节省制冷设备的运行费用及初投资[11]。另外,分层空调通风气流组织形式能够提高工作区的区域换气次数,更容易改善工作区的空气品质以及满足人员热舒适要求。

8. 竖壁贴附通风

竖壁贴附通风(wall attached ventilation,WAV)常被称为空气幕(喷射)通风,是基于混合通风和置换通风提出的一种新型通风方式,其充分利用了混合通风和置换通风的优点,并且合理地规避了两者的缺点。

如图2.8所示,竖壁贴附通风的工作原理为:送风气流由布置在室内天花板的条缝形风口送出,向下流动一段距离后,受康达效应的影响向竖直墙面偏转,随后贴附于竖直壁面向下流动[12]。气流到达地面后撞击地面再次偏转,沿地面蔓延开来形成"空气湖",与室内空气换热后,受热浮升力及回风口影响,气流向上流动。

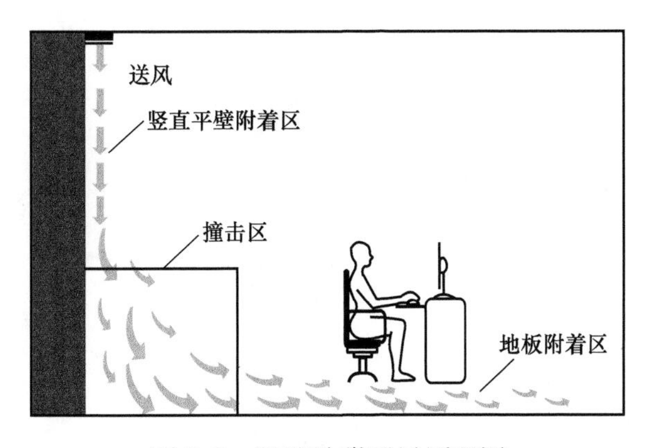

图2.8　竖壁贴附通风原理图

竖壁贴附通风的射流温差较大,风速较高,在通风过程中只需借助通风房间内现有的墙体(柱体)结构,因此可节省大量空间。目前,大多数竖壁贴附通风形式是由室内天花板的条缝形风口实现的。在高大空间中，竖壁贴附通风可以调节送风参数，实现空气湖区与人员所在的工作区的二者完全重合。因此，竖壁贴附通风被认为是能够更好地满足高大空间工作区环境营造所需保障的各项指标（如温度、湿度、洁净度、空气流动速度）以及室内人员热舒适要求的气流组织形式。在使用竖壁贴附通风的房间中，虽然会产生温度和污染物浓度分层的现象，但是工作区内人员的上下部位温差较小，引起热不舒适的风险可控。

另外，在购物中心、地铁站、高铁站等高大空间中，存在大量圆柱和方柱的柱形壁面。这些柱形壁面同样能够作为贴附射流的载体。因此，可以针对竖壁贴附通风将“壁面”扩展到圆柱或者方柱等柱体的表面，实现高大空间的柱壁贴附通风，这种通风模式被命名为方柱贴附通风(square column attached ventilation，SCAV)[13]。方柱贴附通风原理如图 2.9 所示。方柱贴附通风形式的流场可以分为三个区域：竖直向贴附区、射流冲击偏转区和水平向空气湖区。与其他通风方式相比，方柱贴附通风形式下气流的最大速度衰减和射流扩散速度要比其他形式快得多，有利于避免吹风感[14]。

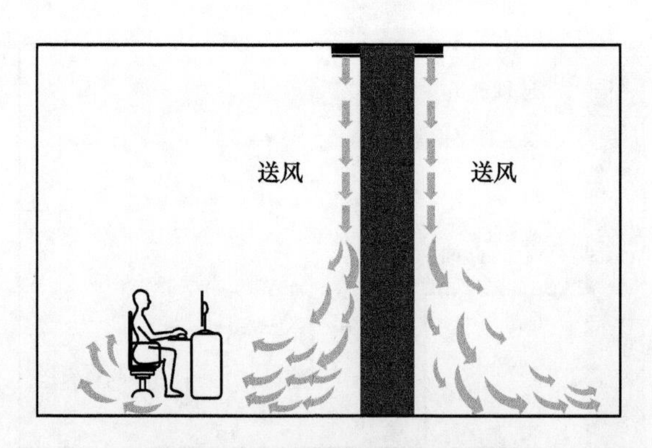

图 2.9　方柱贴附通风原理图

9. 工作区保护通风

工作区保护通风(protected occupied zone ventilation，POV)通过湍

流平面射流将室内环境划分为多个区域，工作区保护通风可以保护人员免受流行性呼吸道疾病和有毒气体的污染。工作区保护通风原理如图 2.10 所示。

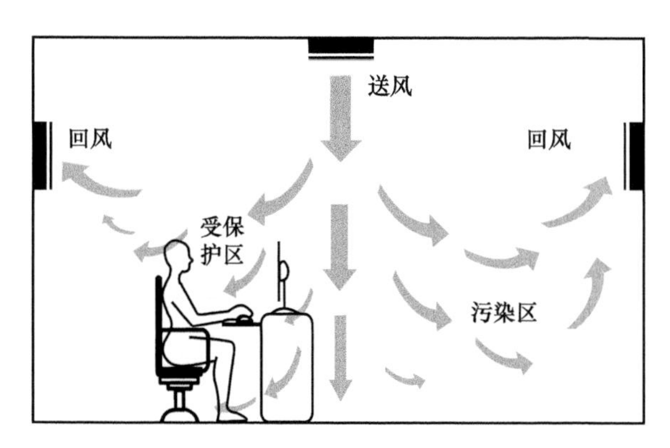

图 2.10 工作区保护通风原理图

在合理地控制送风量与回风量的前提下，工作区保护通风不仅能够起到空气调节的作用，还能同时兼顾隔离的作用。近年来，由于呼吸道感染疾病的威胁时刻存在，工作区保护通风能够在办公室、医院、工业厂房等建筑场所发挥更大的作用[15]。

工作区保护通风使用的场所比较特殊，因此必须进行精确计算和设计，而且需要考虑污染区的实际情况，增加了设计难度，也限制了工作区保护通风的应用范围。

10. 层流通风

层流通风(laminar flow ventilation，LFV)是通过高效过滤器净化后的气流以极低的流速(通常为 0.2～0.3m/s)呈流线状送入洁净室内的一种气流组织形式。层流通风原理如图 2.11 所示。

层流通风因其能极大降低手术感染风险的优点而被应用于手术室。净化气流分为垂直层流式和水平层流式两种，在层流通风形式下，洁净室内的尘粒和病原微生物随气流方向被排出，不会在室内扩散[16]。因此，层流通风在清除室内污染物方面非常有效。

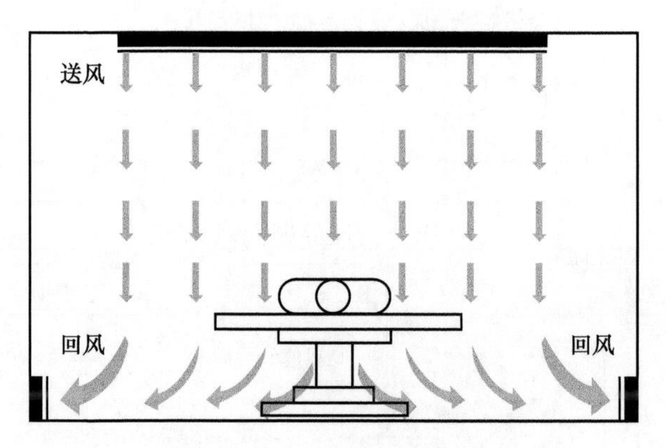

图 2.11　层流通风原理图

然而，由于营造层流通风系统的相关设备及施工成本相对昂贵，所以它常用于对室内洁净程度要求较高的无尘室和医院手术室等。

2.2　岗位通风气流组织形式

岗位通风是一种非常适合办公区的气流组织形式，它的通风量小且送风速度可调，可以使用较低的能耗满足人体的热舒适要求。岗位通风可以将冷/热空气以较低风速送至人体的舒适感应区，比如肩部和头部，并且人体不会感受到明显的吹风感。岗位通风可以充分利用办公室的结构特点，比如在岗位的桌面，或者利用隔板、地板及天花板等区域设置风口，以达到满足人体热舒适的需求。

1. 桌面岗位通风

桌面岗位通风是常用于办公室的气流组织形式。桌面岗位通风原理如图 2.12 所示。其送风口常被布置在工作台表面或桌面以上，新/回风混合箱布置于桌子下方并通过软管与风口连接。送风口形式有水平(或者垂直)桌面格栅、可移动式风口、电脑显示器风口以及个人环境单元送风口等多种类型[17]。桌面岗位通风可使岗位处的人员热舒适和空气质量都能得到改善。由于送风口角度、送风量、送风温度这些参数均可通过手动调节，桌面岗位通风与其他岗位通风一样，具有满足人体的个性化需求的优点。

图 2.12　桌面岗位通风原理图

2. 隔板岗位通风

隔板岗位通风通常集成在工作间隔板上。隔板岗位通风原理如图 2.13 所示。送风口布置在隔板面上，隔板的夹层与架空地板连通。局部变速风机设于地板下并将新风从地板送到隔板的夹层内，再经过隔

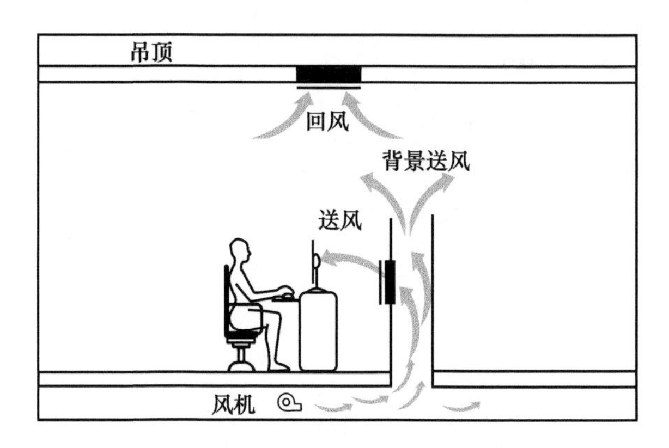

图 2.13　隔板岗位通风原理图

板上的送风口进入工作间。隔板岗位通风可以确保人员的头部、手和前臂完全暴露在送风中,从而减少由于非均匀热环境造成的不舒适感。与中央空调相比,隔板岗位通风在提高送风有效性的基础上,能够降低制冷负荷的45%;热舒适响应时间比中央空调系统快得多;在合理的风量、风温调节下,热舒适指数也低于中央空调系统。

3. 地板岗位通风

地板岗位通风是应用最为普遍的一种岗位通风。地板岗位通风原理如图2.14所示。地板岗位通风将送风口安装在工作区附近的架空地板上,送风口下安装风机以提供动力将新风送到室内,整个架空地板下的空间作为送风通道或者利用管道将新风送到人员工作区。相较于全面通风,采用地板岗位通风的呼吸区域空气龄会降低20%~40%。然而,地板岗位通风可能会造成相邻工作区粉尘颗粒物超标风险,也容易造成相邻环境之间的空气污染传播。

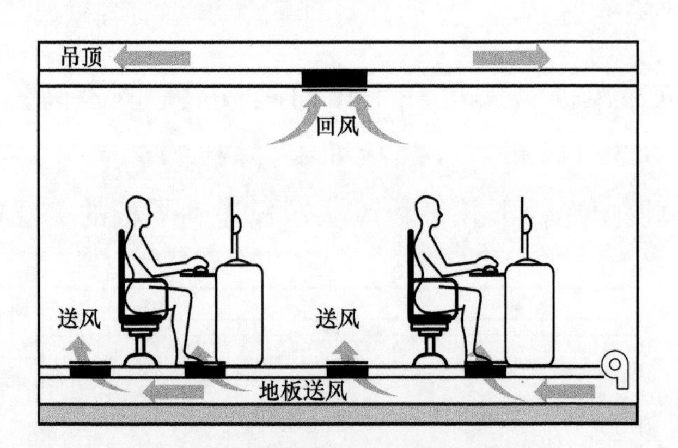

图2.14　地板岗位通风原理图

4. 顶部岗位通风

在改建工程中,由于层高受到限制,无法像新建工程一样设置架空地板,可以采用顶部岗位通风。顶部岗位通风原理如图2.15所示。顶部岗位通风的送风口位于工作区顶部，以较高的速度向下送风，使送风射流到达人员工作区。顶部岗位通风不需要延长风道，不占用室内地面面积，施工方便，并且对房间布局和视觉效果的影响最小。

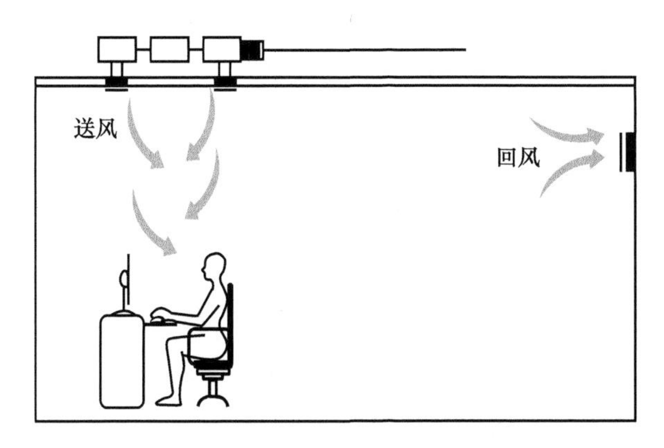

图 2.15　顶部岗位通风原理图

岗位通风能够满足室内人员的对送风空气温度、风速的多样化需求。由于送风区域小，相比全面通风能够降低能耗。但是岗位通风系统的各个子系统相互独立，需要进行单独设计，因此造价及维护成本较高。

2.3　常见气流组织形式分析

本章分析了 11 种常见的气流组织形式，它们分别适用于不同的建筑物场所，并具有各自的优缺点。

气流组织形式是结合工程实际需求所提出的，因此每种气流组织形式都有其适用的建筑类型。例如，竖壁贴附通风、分层空调通风等因其射流能够直达工作区，对工作区保障更为有力，也能够减少能耗，所以适用于高大空间。但对于酒店大堂，由于其美观要求较高，可能不允许内墙表面有风口，这时风口设于吊顶内或柱顶内的竖壁贴附射流就能更好地满足要求。对于教室、会议室这样的中小型空间，层式通风能够直接将空气送入人员呼吸区，具有较高的空气品质及热舒适。对于医院类的建筑物，如手术室，考虑到空气洁净度的要求，不希望室内存在滞止涡旋，因此采用层流通风更为合适。岗位通风则由于其极小的送风量及风速可调性，适用于各类办公室。对于同一类建筑可能适合多种气流组织形式，但是到底应该采用哪一种气流组织形式，还需要对比分析各类评价指标后才能确定。

即使某一种气流组织形式是针对某一类建筑设计而产生的，也不能代表这种气流组织形式在这类建筑的所有工况条件都适用。如针对高大空间的分层空调通风气流组织形式，在夏季的时候通过隔绝上、下部空间达到既满足节能又满足热舒适的良好效果，而在冬季则面临热空气上浮，热空气难以送至下部空间的窘境。这时，则需要对气流组织形式进行微调，关闭部分送风口，增大其他风口的送风速度，以提高射流的可及性和有效性，但即使经过调节后的分层空调通风气流组织形式，也不见得比传统侧送气流组织形式更能满足热舒适要求。

气流组织的目的是通过达到室内所需的空气参数值来保障室内环境，而室内空气参数种类繁多，如温度、湿度、风速、空气洁净度等。即使某一种气流组织形式适用于某类建筑，也并不能代表这类气流组织形式能够使上述所有参数达到最优水平。例如，对办公室采用置换通风，则一般认为能够达到良好的温度、湿度、空气洁净度，但是由于置换通风本身风口位置较低，使得人员脚踝处容易引起吹风感，即风速方面较难满足热舒适要求，而传统的混合通风，可能在空气洁净度方面保障力量有限，但不容易引起吹风感。

一种好的气流组织形式，需要兼顾建筑美观、经济、热舒适要求。气流组织的优化过程是这三个目标的优化过程。单纯的讨论热舒适一般并不能说明某种气流组织形式的优越性。但是从暖通空调角度而言，风口等气流组织设备在现如今建筑物内的造价占比较低，同时风口本身的结构形式可以很好地隐藏在吊顶等建筑结构内，因此大多数情况下可以只讨论运行费用或者气流组织所带来的热舒适。这时，气流组织的优化过程变为了降低运行费用及提高热舒适的两目标优化过程。运行费用是以能耗来衡量的，而热舒适则是以各类指标来衡量的。如果能够提出一种指标，既包含热舒适指标，又包含经济性指标，则可将评价气流组织的工作由多目标优化降维为单目标优化，从而简化气流组织评价及优化的难度。

参考文献

[1] Lestinen M, Kilpeläinen S, Kosonen R, et al. Experimental study on airflow characteristics with asymmetrical heat load distribution and low-momentum diffuse ceiling ventilation[J]. Building and Environment, 2018, 134: 168-180.

[2] Petersen S, Christensen N U, Heinsen C, et al. Investigation of the displacement effect of a diffuse ceiling ventilation system[J]. Energy and Buildings, 2014, 85: 265-274.

[3] Lastovets N, Kosonen R, Mustakallio P, et al. Modelling of room air temperature profile with displacement ventilation[J]. International Journal of Ventilation, 2020, 19(2): 112-126.

[4] Yuan X, Chen Q, Glicksman L. A critical review of displacement ventilation[J]. Ashrae Transactions, 1998, 104: 78-90.

[5] Xue G, Lee K, Jiang Z, et al. Thermal environment in indoor spaces with underfloor air distribution systems: Part 2. Determination of design parameters (1522-RP)[J]. HVAC and R Research, 2012, 18(6): 1182-1191.

[6] Zhang K, Zhang X, Li S, et al. Review of underfloor air distribution technology[J]. Energy and Buildings, 2014, 85: 180-186.

[7] Schiavon S, Lee K H, Bauman F, et al. Simplified calculation method for design cooling loads in underfloor air distribution (UFAD) systems[J]. Energy and Buildings, 2010, 43(2): 517-528.

[8] Cheng Y, Lin Z, Fong A M L. Effects of temperature and supply airflow rate on thermal comfort in a stratum-ventilated room[J]. Building and Environment,

2015,92:269-277.

[9] Cheng Y,Lin Z. Experimental study of airflow characteristics of stratum ventilation in a multi-occupant room with comparison to mixing ventilation and displacement ventilation[J]. Indoor Air,2015,25(6):662-671.

[10] Kabanshi A,Wigö H,Ljung R,et al. Human perception of room temperature and intermittent air jet cooling in a classroom[J]. Indoor and Built Environment, 2017,26(4):528-537.

[11] Brandt C,Hott U,Sohr D,et al. Operating room ventilation with laminar airflow shows no protective effect on the sur gical site infection rate in orthopedic and abdominal surgery[J]. Annals of Surgery,2008,248(5):695-700.

[12] Li A,Yin H,Wang G. Experimental investigation of air distribution in the occupied zones of air curtain ventilated enclosure[J]. International Journal of Ventilation,2012,11(2):171-182.

[13] Yin H G,Li A G,Liu Z Y,et al. Experimental study on airflow characteristics of a square column attached ventilation mode[J]. Building and Environment,2016, 109:112-120.

[14] Yang B,Melikov A K,Kabanshi A,et al. A review of advanced air distribution methods—Theory,practice,limitations and solutions[J]. Energy and Buildings, 2019,202:109359.

[15] Cao G,Siren K,Kilpelaeinen S. Modelling and experimental study of performance of the protected occupied zone ventilation[J]. Energy and Buildings,2014,68: 515-531.

[16] Diab-Elschahawi M,Berger J,Blacky A,et al. Impact of different-sized laminar air flow versus no laminar air flow on bacterial counts in the operating room during orthopedic surgery[J]. American Journal of Infection Control,2001,39(7):25-29.

[17] 孙宇明,端木琳,王宗山. 送风口布置于桌面的个性化通风系统的研究评述与分析[J]. 洁净与空调技术,2006,1:5-7.

3 评价气流组织的常用指标

用于评价室内气流组织形式的各类指标可以归纳为四种类型，分别为直接指标、比值类指标、加权换算类指标和方差类指标。本章介绍了用于评价气流组织的常用指标，以及可以用于描述流场的常用热舒适指标。

3.1 直接指标

直接指标大多是在流场中直接测量得到的，或者通过对测得的物理量进行简单换算后得到，直接指标本身具有物理意义，并且物理意义难以再次拆分。具有代表性的直接指标有：

(1) 空气风速 V(m/s)，可以直接通过热线风速仪测得。

(2) 空气温度 t(℃)，可以直接通过热电偶测得。

(3) 露点温度 t_l(℃)，可以直接通过湿球温度计测得。

(4) 含湿量 d(g/kg)和饱和水蒸气分压力 P_s(Pa)，可以通过露点温度直接换算得到。

(5) 各类污染物浓度，可以直接通过各类电化学传感器测得。

(6) 空气龄 t_p(s)，可以通过测得的示踪气体分布换算得到。

空气龄为空气质点从进入房间至到达室内某点所经历的时间[1]。与空气龄相关的指标还包括：残留时间为空气微团离开房间前还需要在房间内滞留的时间；驻留时间为空气微团从进入房间到离开房间所需的总时间；局部平均空气龄为某一微小区域中各空气质点的空气龄的平均值；全室平均空气龄为全室各点的局部平均空气龄的平均值；局部平均滞留时间为房间内某微小区域内气体离开房间前在室内的滞留时间；全室平均滞留时间为全室各点的局部平均滞留时间的平均值。

3.2 比值类指标

比值类指标一般不能够直接测量得到,并且大多比值类指标是没有单位的,其表达的物理意义常为两个参数之间的定量相对关系,同时也可以反映这一相对关系距离极限状态(最优状态/最差状态)的距离。比值类指标包括:相对湿度、能量利用效率、排污效率、空气分布特性指标、换气次数、名义时间常数、局部换气效率、送风可及性。

1. 相对湿度(φ)

相对湿度是水蒸气分压力与同一温度下的饱和水蒸气分压力之比,它的表达式为

$$\varphi=\frac{P_v}{P_s} \tag{3.1}$$

式中,P_s 为饱和水蒸气分压力,Pa;P_v 为空气中已经存储的水蒸气分压力,Pa。

2. 能量利用效率

能量利用效率指的是从工作区排除的余热量占从整个建筑空间排除热量比例的倒数。理想条件下当然是耗费的通风系统能量都用在从工作区排除热量,工作区排除的热量等于从整体建筑空间排除的热量。能量利用效率充分考虑了某种气流组织形式对能量的利用效率[2]。

当考虑整个房间的能量利用效率时,整体能量利用效率可以表示为

$$\bar{\eta}=\frac{t_p-t_s}{\bar{t_n}-t_s} \tag{3.2}$$

式中,t_p 为室内的排风温度,℃;t_s 为室内的送风温度,℃;$\overline{t_n}$为室内工作

区的空气平均温度，℃。

当考虑房间局部的能量利用效率时，局部能量利用效率可以表示为

$$\eta=\frac{t_p - t_s}{t_n - t_s} \tag{3.3}$$

式中，t_p 为室内的排风温度，℃；t_s 为室内的送风温度，℃；t_n 为室内某点的空气温度或某指定区域的平均温度，℃。

3. 排污效率

排污效率与能量利用效率的形式一致，只不过一个是针对排热，而另一个是针对排污。排污效率可以理解为从工作区排除的污染物和从整个建筑空间排除污染物比值的倒数。理想条件下认为耗费的通风系统能量都用于从工作区排除污染物，工作区排除的污染物等于从整体建筑空间排除的污染物。排污效率反映某种气流组织形式下排除污染物的能力[3]。

当考虑整个房间的排污效率时，整体排污效率可以表示为

$$\bar{\varepsilon}=\frac{C_p - C_s}{\overline{C_n} - C_s} \tag{3.4}$$

式中，C_p 为排风时室内污染物的浓度，g/m^3；C_s 为送风时污染物的浓度，g/m^3；$\overline{C_n}$ 为室内工作区的平均污染物浓度，g/m^3。

当考虑房间局部的排污效率时，局部排污效率可以表示为

$$\varepsilon=\frac{C_p - C_s}{C_n - C_s} \tag{3.5}$$

式中，C_p 为室内排风中污染物的浓度，g/m^3；C_s 为送风中污染物的浓度，g/m^3；C_n 为室内某点或某指定区域的污染物浓度，g/m^3。

4. 空气分布特性指标(air diffusion performance index，ADPI)

ADPI 定义为两个统计值的比值，是一个综合性的指标，第一个统计值代表了房间里所选取的所有测点数目，第二个统计值为对于所有的测点数

选取出所有满足某一特定条件的测点数的总和。一般认为，当 ΔET＝－1.7～1.1 时，大多数人会感到舒适，这时空气分布特性指标应为[4]

$$ADPI=\frac{-1.7<\Delta ET<1.1\text{ 时的测点数}}{\text{总测点数}}\times 100\% \tag{3.6}$$

ADPI 表示的是室内满足热舒适(温度、风速)要求的点(区域)占总测点(区域)的比例，同时也反映了不满足的点(区域)的占比。

5. 换气次数

被稀释空间内广义污染物浓度按照指数规律变化，其变化速率取决于 Q/V，该值的大小反映了房间通风变化规律，被称为换气次数[5]。

$$n=\frac{Q}{L} \tag{3.7}$$

式中，n 为换气次数，次/h；Q 为通风量，m^3/h；L 为房间容积，m^3。

换气次数是衡量空间稀释情况好坏的重要参数，即通过稀释达到的混合程度的重要参数，同时也是估算空间通风量的依据。

6. 名义时间常数

名义时间常数可定义为房间容积 L 与通风量 Q 的比值[6]。

$$\tau_n=\frac{L}{Q} \tag{3.8}$$

式中，τ_n 为空间的名义时间常数，s。

名义时间常数是换气次数的倒数，也可以用来衡量空间稀释情况的好坏。

7. 局部换气效率

局部换气效率是指通风系统将空气输送到室内某一点的能力[7]。

$$E_{pl}=\frac{\tau_n}{2\,\bar{\tau}_{pl}} \tag{3.9}$$

式中，E_{pl}为局部换气效率；$\bar{\tau}_{pl}$为局部平均空气龄，s；τ_n 为空间的名义时间常数，s。

理想活塞流的通风条件下，房间的换气效率最高。此时，房间的平均空气龄$\overline{\tau'_p}$最小，它与房间的名义时间常数存在以下关系：

$$\overline{\tau'_p}=\frac{1}{2}\tau_n \tag{3.10}$$

因此，局部换气效率可以改写为

$$E_{pl}=\frac{\tau_n}{2\bar{\tau}_{pl}}=\frac{\overline{\tau'_p}}{\bar{\tau}_{pl}} \tag{3.11}$$

平均换气效率或者平均换气指数可以用来评价通风系统将空气输送到整个房间的能力。房间的平均换气效率可以表示为

$$E_a=\frac{\tau_n}{2\bar{\tau}} \tag{3.12}$$

式中，$\bar{\tau}$ 为整个房间的空气龄，可以通过对排风口的示踪气体含量求时间积分得到。

$$\bar{\tau}=\frac{\int_0^{\infty}tc_e(t)\mathrm{d}t}{\int_0^{\infty}c_e(t)\mathrm{d}t} \tag{3.13}$$

式中，$c_e(t)$为 t 时刻排风口的污染物含量，$\mathrm{mL/m^3}$。

对于理想的通风条件，房间的换气效率最高。因此，平均换气效率的含义是理想条件下的整体房间平均空气龄（活塞流时的平均空气龄最小）与实际气流组织所形成的平均空气龄之间的相对差值。

8. 送风可及性(accessibility of supply air，ASA)

为评价短时间内的送风有效性，Li[8]提出了送风可及性的概念，它能反映送风在任意时刻到达室内各点的能力。

假设通风系统送风中包含某种指示剂（例如某种污染物或者示踪气体），并且室内没有该指示剂的发生源，那么室内空气会逐渐含有这种送

风指示剂。送风可及性可以表示为

$$\mathrm{ASA}(x,y,z,T)=\frac{\int_0^T C(x,y,z,\tau)\mathrm{d}\tau}{C_\mathrm{s}T} \tag{3.14}$$

式中，$\mathrm{ASA}(x,y,z,T)$为在时段 T 时，室内位置(x,y,z)处的送风可及性；$C(x,y,z,\tau)$为在时刻 τ 时室内位置(x,y,z)处的指示剂浓度；C_s 为送风的指示剂浓度；T 为从开始送风到某位置参数与风口参数完全相同时所经历的时间，即用于衡量通风系统动态特性的有限时间，s。

当 τ 无限大时，$C(x,y,z,\tau)$的值与 C_s 一致，此时 $\mathrm{ASA}(x,y,z,\tau)=1$，属于理想条件（室内空气具有无限大的掺混时间）。在其他时间条件下，$\mathrm{ASA}(x,y,z,T)<1$。因此，送风可及性反映的是在有限时间内，某点的空气参数趋近于风口空气参数的程度，即送风到达该点（可及）的程度。

3.3 加权换算类指标

加权换算类指标一般不能够直接测量得到，其表达的物理意义可以理解为多个物理量对某一种物理量的相对关系及定量贡献。由于多个物理量的单位及相对贡献有所不同，因此，大多需要经验参数作为相对关系的联系纽带，此类指标大多是以计算模型指标的形式存在。

1. PMV-PPD

PMV 是反映人体热平衡偏离程度的指标，其理论依据为：当人体处于稳态的热环境下，人体热负荷越大，人体偏离热舒适状态的程度就越远。Fanger[9]收集了 1396 名美国和丹麦受试者在空气参数稳定的人工气候室内进行热舒适试验的冷热感觉资料，得出人的热感觉与人体热负荷之间关系的回归公式，即

$$\mathrm{PMV}=[0.303\exp(-0.036M)+0.0275]t_l \tag{3.15}$$

式中，t_l 为人体热负荷，定义为人体产热量与人体向外界散出的热量之间的差值，W/m^2；M 为人体能量代谢率，决定于人体的活动量大小，W/m^2。

PMV 热感觉标尺采用了 7 级分度，如表 3.1 所示。

表 3.1 PMV 热感觉标尺

热感觉	PMV
很热	+3
热	+2
有点热	+1
中性	0
有点冷	−1
冷	−2
很冷	−3

PMV 指标代表了同一环境下绝大多数人的感觉，可以用来评价一个热环境舒适与否，而人与人之间存在个体差异，因此 PMV 指标并不一定能够代表所有个人的感觉。为此，Fanger[9] 又提出了 PPD 来表示人群对热环境不满意比例，并利用概率分析方法，给出 PMV 与 PPD 之间的定量关系，而 PPD 可以视为是由 PMV 换算而来。

$$\mathrm{PPD}=100-95\exp[-(0.03353\mathrm{PMV}^4+0.2179\mathrm{PMV}^2)] \tag{3.16}$$

$$\begin{aligned}\mathrm{PMV}=[0.303\exp(-0.036M)+0.0275]\{&M-W\\&-3.05[5.733-0.007(M-W)-P_a]-0.42(M-W-58.2)\\&-0.0173M(5.867-P_a)-0.0014M(34-t_a)\\&-3.96\times10^{-8}f_{cl}[(t_{cl}+273)^4-(\overline{t_r}+273)^4]-f_{cl}h_c(t_{cl}-t_a)\}\end{aligned} \tag{3.17}$$

式中，h_c 为对流换热系数，$W/(m^2\cdot℃)$；f_{cl} 为成套服装的面积系数；P_a 为人体周围水蒸气分压力，kPa；t_a 为人体周围空气温度，℃；t_{cl} 为衣服外表面温度，℃；$\overline{t_r}$ 为平均辐射温度，℃；W 为人体所做的机械功，W/m^2。

由式(3.16)和式(3.17)可以看出,PMV受多个参数影响,包括人体能量代谢率、空气温度、水蒸气分压力、平均辐射温度、服装的面积、体表温度,PMV反映了这些参数对热感觉的相对贡献程度。PPD本身是PMV的函数,可以认为PPD同样受人体能量代谢率、空气温度、水蒸气分压力、平均辐射温度、服装的面积、体表温度等参数的相对贡献程度的影响。

2. *有效温度(ET)*

Houghton等[10]提出的有效温度ET指标考虑了干球温度、湿球温度和风速的影响,可以产生相等的热感觉或冷感觉。ET高估了凉和中性环境下湿度的作用,忽视了温暖环境下湿度的作用以及热湿环境下风速的影响,而修正后的有效温度ET解决了这些问题。Gagge[11]以人工气候室作为试验场所,研究发现皮肤湿润度是动态环境下不舒适感的良好的预报器。

美国暖通空调工程师协会(American Society of Heating, Refrigerating and Air-conditioning Engineers, ASHRAE)[12]将有效温度ET*定义为:当人们在相对湿度为50%的均匀密闭空间中与不同湿度的待测试环境中具有相同的净热交换量(包括辐射、对流和蒸发)时,前者环境的干球温度即为待测环境的有效温度。

对舒适性空调而言,相对湿度较大范围内(30%～70%)人体舒适性受到的影响较小,这里主要考虑空气温度与风速对人体的综合作用。有效温度差与室内风速之间存在以下关系:

$$\Delta ET = (t_i - t_n) - 7.66(V_i - 0.15) \tag{3.18}$$

式中,ΔET为有效温度差,℃;t_i为工作区某点的空气温度,℃;t_n为给定的室内设计温度,℃;V_i为工作区某点的风速,m/s。

有效温度可以认为是室内温度和室内风速对换热量的定量相对贡献。

3. 有效吹风感

吹风感是较为常见的不舒适的感觉，吹风感一般被视为“人体所不希望的局部降温”[13]。此外，吹风会导致寒冷，而冷颤的出现也是使人感到不舒适的原因之一。但是对处于“中性-热”状态下的人员来说，吹风是舒适的。过高的风速能够保证人体的散热需要，使人体处于热中性的状态，但同时也会给人带来吹风的烦扰感、压力感以及黏膜的不适感等。

人体的吹风感会受到很多变量的影响，其中主要的变量是风速、吹风温度、人体自身所处的热状态。如果人体处于偏热状态，那么吹风有助于改善人体热舒适。另外吹风感还跟气流的分布状态有关，局部风速对吹风感的影响很大。通常，导致人体出现不舒适的最低风速约为0.25m/s，该风速相当于人体周围自然对流的风速。吹风感和自然对流的边界层之间存在较为复杂的关系，可以认为人体热边界层对于低速情况下的吹风有一定的屏蔽作用。

把吹风风速和吹风温度表示为一个综合指标，即有效吹风温度。

$$\theta_{ed} = t_x - t_n - 8(V_x - 0.15) \tag{3.19}$$

式中，θ_{ed}为有效吸风温度，℃；t_x 为吹风温度，℃；t_n 为室内空气温度，℃；V_x 为吹风风速，m/s。

因此，建议的舒适标准为[13]

$$-1.7℃ < \theta_{ed} < 1.1℃ \tag{3.20}$$

$$V_x < 0.35 \tag{3.21}$$

有效吹风感与有效温度类似，是室内温度与室内风速对吹风感的定量相对贡献。这里的吹风感可以认为是另一种形式的“换热量”。

4. 风冷却指数(wind chill index，WCI)

在非常寒冷的气候中，影响人体热损失的主要因素是风速和空气温度。Siple 等[14]把这两个因素综合成一个单位的指数，称为风冷却指数，

来表示在皮肤温度为33℃时皮肤表面的冷却速率，即

$$WCI = (10.45 + 10\sqrt{V_a} - V_a)(33 - t_a) \tag{3.22}$$

式中，V_a 为环境风速，m/s；t_a 为环境空气温度，℃。

由式(3.22)可以看出，风冷却指数反映的是环境风速和环境空气温度对皮肤表面的冷却速率的相对贡献。

表3.2把风冷却指数与人体的生理反应联系起来。表中描述的热感觉适合于穿合适衣服的北极探险者，因此表3.2中的“凉”与ASHRAE热感觉标尺中的“凉”是不一样的。

表3.2　风冷却指数与人体的生理效应

风冷却指数	人体的生理反应
200	愉快
400	凉
600	很凉
800	冷
1000	很冷
1200	极度寒冷
1400	裸露的皮肤冻伤
1400～2000	裸露的皮肤在1min内冻伤
2000以上	裸露的皮肤在0.5h内冻伤

5. 标准有效温度(SET)

不同于以往的仅从由经验推导得出的有效温度指标，标准有效温度是以人体生理反应模型为基础，由人体传热的物理过程分析得出的，因此更能有效地反映实际的热舒适水平[15]。

标准有效温度包含平均皮肤温度和皮肤湿润度，从而可以确定某个人的热状态。标准有效温度的定义是：身着标准热阻服装的人，在相对湿度为50%、空气静止不动、气温等于平均辐射温度的等温环境下，若与他在实际环境中和实际服装热阻条件下的平均皮肤温度和皮肤湿润

度相同，则必将具有相同的热损失，则该温度就是上述实际环境的标准有效温度 SET。

$$Q_{SK}=h_{cSET^t}(t_{SK}-SET)+\omega h_{eSET^t}(P_{SK}-0.5P_{SET}) \tag{3.23}$$

$$SET=t_{SK}-\frac{Q_{SK}-\omega h_{eSET^*}(P_{SK}-0.5P_{SET})}{h_{cSET^*}} \tag{3.24}$$

式中，h_{cSET^t} 为标准环境中考虑了服装热阻的综合对流换热系数，W/(m²·℃)；h_{eSET^t} 为标准环境中考虑了服装的潜热热阻的综合对流质交换系数，W/(m²·kPa)；Q_{SK} 为总散热量，W；P_{SK} 为皮肤表面水蒸气分压力，kPa；P_{SET} 为标准有效温度 SET 下的饱和水蒸气分压力，kPa；t_{SK} 为皮肤温度，℃；ω 为皮肤湿润度。

6. 相对热指标(relative warmth index，RWI)和热损失率(heat deficit rate，HDR)

相对热指标和热损失率是为了确定地铁车站站台、站厅和列车空调的设计参数而提出的考虑人体在过渡空间环境的热舒适指标。这两个指标是根据 ASHRAE 的热舒适试验结果得出的[16]。相对热指标适用于较暖的环境，而热损失率适用于较冷的环境。它们没有考虑人体在过渡状态受到变化温度刺激时出现的热感觉滞后和超前的现象，而仅仅考虑了过渡状态人体的热平衡。

1) 相对热指标

如果人体在两种不同的环境条件和活动情况下，具有相同的相对热指标值，则表明人体在这两种情况下的热感觉是近似的。在压力小于 2269Pa 的情况下，相对热指标的表达式为

$$RWI=\frac{M(\tau)[I_{cw}(\tau)+I_a]+6.42(t_a-35)+RI_a}{234} \tag{3.25}$$

式中，I_a 为服装外空气边界层热阻，℃·m²/W；$I_{cw}(\tau)$为服装热阻，℃·m²/W；$M(\tau)$ 为新陈代谢率，W/m²；R 为单位皮肤面积的平均辐射得热，

W/m^2；t_a 为环境空气的干球温度，℃；τ 为过渡时间中经历的时间，s。

2）热损失率

热损失率表示人体在较冷的环境中，平均皮肤温度为舒适皮肤温度下限时的净热损失率，即负的人体蓄热率。热损失率的表达式为

$$\mathrm{HDR}=28.39-M(\tau)-\frac{6.42(t_a-30.56)+RI_a}{I_{cw}(\tau)+I_a} \tag{3.26}$$

由此可见，相对热指标和热损失率反映的都是新陈代谢率、过渡时间中经历的时间、服装外空气边界层热阻、单位皮肤面积的平均辐射得热等参数对热舒适的定量贡献。

7. 湿黑球温度（wet bulb globe temperature，WBGT）

湿黑球温度适用于室外炎热环境，考虑了室外炎热条件下太阳辐射的影响，在评价户外作业环境时湿黑球温度的应用较为广泛[17]。湿黑球温度的表达式为

$$\mathrm{WBGT}=0.7t_{nwb}+0.2t_g+0.1t_a \tag{3.27}$$

式中，t_a 为空气干球温度，℃；t_g 为黑球温度，℃；t_{nwb}为自然湿球温度，指非通风的湿球温度计测量出来的湿球温度，℃。

当处在阴影下时，式(3.27)可简化为

$$\mathrm{WBGT}=0.7t_{nwb}+0.3t_a \tag{3.28}$$

黑球温度与空气温度、太阳辐射、平均辐射温度及空气运动相关，而自然湿球温度则与空气湿度、空气运动、辐射温度和空气温度相关。湿黑球温度反映的是自然湿球温度、黑球温度、空气干球温度对炎热环境人体环境热应力的影响。

3.4 方差类指标

方差类指标同样不能够通过测量直接得到，这类参数是场内多个同

一性质参数的集合。其表达的物理意义是场内各点(一般是均匀分布的各点)的参数值与目标期望值之间的偏差。

速度不均匀系数和温度不均匀系数主要是根据不均匀系数法计算得出。具体方法为:首先在工作区内选择 n 个待测测点,然后分别测得各待测测点的温度和待测测点的速度,最后求出这些待测测点的温度和速度的算术平均值、均方根偏差和不均匀系数。

待测测点温度和速度的算术平均值为

$$\bar{t}=\frac{\sum_{i=1}^{n} t_i}{n} \tag{3.29}$$

$$\overline{V}=\frac{\sum_{i=1}^{n} V_i}{n} \tag{3.30}$$

待测测点温度和速度的均方根偏差为

$$\delta_t=\sqrt{\frac{\sum_{i=1}^{n}(t_i-\bar{t})^2}{n}} \tag{3.31}$$

$$\delta_V=\sqrt{\frac{\sum_{i=1}^{n}(V_i-\overline{V})^2}{n}} \tag{3.32}$$

待测测点温度和速度的不均匀系数为

$$k_t=\frac{\delta_t}{\bar{t}} \tag{3.33}$$

$$k_V=\frac{\delta_V}{\overline{V}} \tag{3.34}$$

上述式中,$\bar{t}$ 为待测测点温度的算术平均值,℃;$\overline{V}$ 为待测测点速度的算术平均值,℃;t_i 为 i 点的温度值,℃;V_i 为 i 点的速度值,℃;δ_t 为待测测点温度的均方根偏差,℃;δ_V 为待测测点速度的均方根偏差,℃;k_t 为温度不均匀系数;k_V 为速度不均匀系数。

当温度不均匀系数的数值以及速度不均匀系数的数值越小时，表明室内的气流组织分布的统计学标准差越小，也表明室内气流组织分布的均匀性越好。

1. 气流的偏度

偏度是对随机变量分布不对称性的度量。偏度的表达式为

$$S=\frac{\frac{1}{n}\sum_{i=1}^{n}(x_i-\overline{x})^3}{\left[\frac{1}{n}\sum_{i=1}^{n}(x_i-\overline{x})^2\right]^{\frac{3}{2}}} \tag{3.35}$$

式中，S 为偏度(无量纲)；i 为第 i 个数值；n 为采样数量。

(1) 当 $S<0$ 时，分布为负偏，也称左偏，它的分布中低于均值的尾部向左延伸严重，如图 3.1(a)所示。

(2) 当 $S=0$ 时，分布完全对称，正态分布对称，如图 3.1(b)所示。

(3) 当 $S>0$ 时，分布为正偏，也称为右偏，它的分布中高于均值的尾部向右延伸严重，如图 3.1(c)所示。

在式(3.35)中，$\overline{x}$ 可以是室内气流的具体参数的平均值，如温度、速度、污染物浓度等，式中的分母是用于平衡分子量级，分子则描述分布形态左偏或右偏的程度。

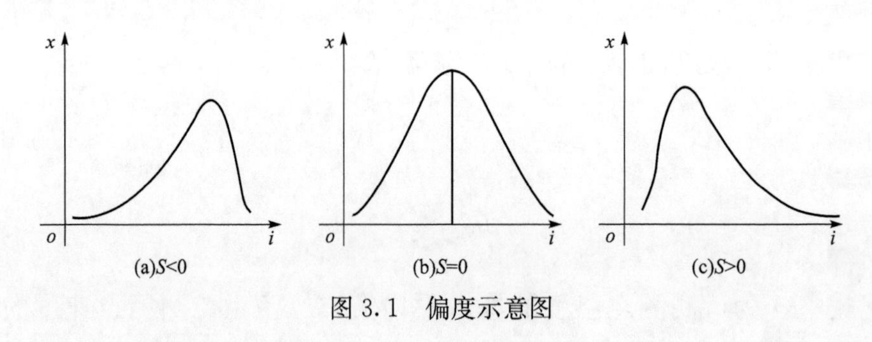

图 3.1 偏度示意图

2. 气流的峰度

峰度是对随机变量中中间部分的陡峭程度及两端尾部的厚重程度

的度量，也可以简单当作分布平坦性的评价指标。

$$K=\frac{\frac{1}{n}\sum_{i=1}^{n}(x_i-\overline{x})^4}{\left[\frac{1}{n}\sum_{i=1}^{n}(x_i-\overline{x})^2\right]^2} \tag{3.36}$$

式中，K 为峰度；i 为第 i 个数值；$\overline{x}$ 为平均值；n 为采样数量。

（1）当 $K<0$ 时，表示该总体数据分布与正态分布相比较为平坦，为平顶峰，如图 3.2(a)所示。

（2）当 $K=0$ 时，表示该总体数据分布与正态分布的陡缓程度相同，如图 3.2(b)所示。

（3）当 $K>0$ 时，表示该总体数据分布与正态分布相比较为陡峭，为尖顶峰，如图 3.2(c)所示。

K 的绝对值数值越大，表示其分布形态的陡缓程度与正态分布的差异程度越大。

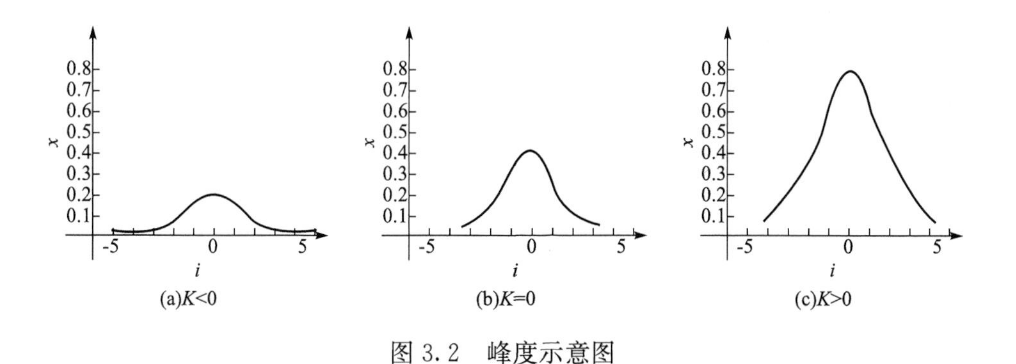

图 3.2　峰度示意图

在式(3.36)中，$\overline{x}$ 可以是室内气流的具体参数的平均值，如温度、速度、污染物浓度等，式中的分母是用于平衡分子量级，并使得 K 值无量纲化的参数。可以注意到分子的四次方直接位于各参数与平均值之间的差异上，相对于分母先平方后相加再平方的形式，更能够表现各点参数与平均值之间的差值。

3.5 气流组织所形成流场的常用指标分析

现有气流组织的评价指标可以分为：直接指标、比值类指标、加权类指标和方差类指标，如表 3.3 所示。由于不同的研究者对气流组织及其所形成流场的优劣性有着不同的思考角度，所以针对室内流场的评价指标形式多种多样。文献[9]和[17]中还包含了一些通过推导形成的计算模型指标，这些指标往往是上述四种指标的组合形式，其物理意义可认为是上述四种类型指标物理意义的组合。

表 3.3 气流组织所形成流场的评价指标分类

类型	直接指标	比值类指标	加权类指标	方差类指标
特点	具有独立物理意义的参数	具有独立物理意义参数的相对关系	具有独立物理意义参数对指标的相对贡献	具有相同物理意义参数之间的相对偏差
形式	指标＝参数	指标$=\frac{\text{参数}}{\text{极限}}$	指标 $=\sum_{i=1}^{n}$ 系数 $i\times$ 参数 i	指标 $=\frac{\sqrt{\sum_{i=1}^{n}(\text{参数}\ i-\text{平均值})^2}}{n}$
用途	直接描述该指标的物理意义	描述现有程度与其极限值之间的差距	描述相对关系及相对贡献	描述混乱/均匀程度
举例	温度、含湿量、风速	相对湿度、能量利用效率、排污效率	风冷却指数、有效温度、有效吹风感	温度不均匀系数、速度不均匀系数

在气流组织优化过程中，往往将上述气流组织形式的评价指标作为目标函数，认为上述指标达到某一数值后气流组织优化过程结束。然而，现有评价指标存在如下不足：

(1) 直接指标和加权类指标作为目标函数时，需要给出指标的适用阈值。如针对温度给出适应的温度范围是 18～26℃。但是在具体优化时，室内空气中的流场是不均匀的。假设一个房间中一半空间的温度是

23℃,另一半空间的温度是 28℃,另一个房间中一半空间的温度是 24℃,另一半空间温度是 27℃,因为这两个房间的平均温度都是 25.5℃,所以很难评判到底哪个房间哪个温度场更为适宜。实际工程中的流场比这一假设的多样性更为复杂,垂直方向和水平方向都会存在温度梯度,这时很难通过直接指标及加权类指标来分辨形成这一流场的气流组织形式的优劣。

(2) 比值类指标通过比值这一数学形式描述现有程度与其极限值之间的差距。如能量利用效率,描述的就是工作区换热所能达到的程度与极限程度的差距。但是从指标的形式而言,比值类指标具有与单一指标、加权类指标一样的缺陷,即不能利用整个室内流场的数据,只能利用几个单点的数据,因此比值类指标无法描述非均匀的室内场。以排污效率为例,只要送/排风污染物浓度及工作区平均污染物浓度相同,排污效率即相同,但是在实际情况中可能存在:一个工况中平均 CO_2 浓度为 700×10^{-6},另一个工况中一半空间的 CO_2 浓度为 1200×10^{-6}、另一半空间的 CO_2 浓度为 200×10^{-6},显然第二类工况不满足室内舒适度要求。

(3) 加权类指标表达的物理意义为多个物理量对某一种物理量的相对关系及定量贡献。例如,有效温度可以认为是室内温度和室内风速对换热量的定量相对贡献;有效吹风感可以认为是室内温度和室内风速对吹风感的定量相对贡献。但是由于不同物理量的单位及相对贡献是不同的,如果要描述上述的相对关系及定量贡献,需要将经验参数作为相对关系的联系纽带,这会使得指标存在一些具有误差的经验性参数。这些参数会极大影响该类指标的准确性及适用范围。

(4) 方差类指标反映的是具有相同物理意义参数之间的相对偏差,描述的是流场的混乱/均匀程度。虽然方差类指标能够利用场内的所有参数,但是其描述的只是相对平均参数的偏差程度。方差类指标的数学形式可以被进一步修改,从而使其变为描述相同物理意义参数之间偏差的指标，即可以作为描述室内流场整体偏离某一既定流场程度的指标，或者是作为描述设计流场与实际营造流场差异程度的指标。

综上所述，在气流组织的设计过程中，用于评价设计流场与实际营造流场差异程度的指标就显得非常重要。这类指标一方面可以用于评价气流组织设计的好坏，另一方面也可以用于评价气流组织优化过程的优化程度。气流组织设计的首要工作是选取所需要的设计参数，如室内温度18℃、相对湿度50％、风速0.3m/s等。气流组织的设计过程是使用各种类型风口及其安装形式，使室内空气参数尽可能达到设计参数的过程。

参考文献

[1] 李先庭，杨建荣，王欣. 室内空气品质研究现状与发展[J]. 暖通空调，2000，30(3)：36-40.

[2] 李树林，严双志，王劲松. 空调热源的能量及环境效益的分析[J]. 流体机械，2003，31(s1)：218-220.

[3] Zhang R, Cheng Y P, Yuan L, et al. Enhancement of gas drainage efficiency in a special thick coal seam through hydraulic flushing[J]. International Journal of Rock Mechanics and Mining Sciences, 2019, 124: 104085.

[4] Liu S, Novoselac A. Airdiffusion performance index (ADPI) of diffusers for heating mode[J]. Building and Environment, 2015, 87: 215-223.

[5] 李增珍，章俊屾，朱凯，等. 送回风参数对净化器能效的影响[J]. 低温建筑技术，2015，37(8)：30-33.

[6] Fuller A T, Zinober A S I. On the existence of constant-ratio trajectories in nominally time- optimal control systems subject to parameter variation[J]. Journal of the Franklin Institute, 1977, 303(4): 359-369.

[7] Amai H Y, Liu S C, Novoselac A. Experimental study on air change effectiveness: Improving air distribution with all-air heating systems[J]. Building and Environ-

ment,2017,125:515-527.

[8] Li X. Accessibility:A new concept to evaluate ventilation performance in a finite period of time[J]. Indoor and Built Environment,2004,13(4):287-293.

[9] Fanger P O. Fundamentals of thermal comfort[J]. Advances in Solar Energy Technology, 1988,8(1):3056-3061.

[10] Houghton F C, Yaglou C P. Determining equal comfort lines[J]. Journal of the American Society of Heating and Ventilating Engineers,1923,29:165-176.

[11] Gagge A P. Rational temperature indices of thermal comfort[J]. Studies in Environmental Science,1981,10(6):79-98.

[12] American Society of Heating,Refrigerating and Airconditioning Engineers. ASHRAE Handbook Fundamentals[M]. Atalanta:American Society of Heating,2017.

[13] 刘松,程勇,刘东,等. 人体吹风感影响因素的总结与分析[J]. 建筑热能通风空调,2012,31(2):7-11.

[14] Siple P A,Passel C F. Excerpts from:Measurements of dry atmospheric cooling in subfreezing temperatures[J]. Wilderness and Environmental Medicine,1945, 89(3):177-199.

[15] 王海英,王美楠,胡松涛,等. 低气压环境下标准有效温度与舒适区的计算[J]. 暖通空调,2014,44(10):22-25.

[16] 徐子龙,狄育慧,江春阳,等. 用相对热指标和预测平均反应研究火车站热舒适状况[J]. 洁净与空调技术,2013,4:50-53.

[17] Budd G M. Wet-bulb globe temperature (WBGT)—Its history and its limitations[J]. Journal of Science and Medicine in Sport,2008,11(1):20-32.

4 气流组织评价指标——靶向值

第2章介绍了11种气流组织形式，这些气流组织形式在应用于不同类型建筑时还需进行参数优化，如移动风口位置、调节角度等。对于同一个建筑空间，可能有多种气流组织形式在原理上均适用。然而哪一种气流组织是最优解，应当如何进行评价其有效程度？针对这些寻优问题需要给出一个明确的目标函数。不同的气流组织形式有其特定的适用性。常见的气流组织形式难以适用于近年来不断涌现的各类复杂建筑空间。因此，针对一些特殊的建筑类型需要提出新的气流组织形式。

第3章介绍了多种气流组织形式所营造流场的评价指标。现有气流组织评价指标难以评价非均匀流场，难以定量评价气流组织的优化程度，部分指标难以利用整个室内流场的数据，部分指标存在具有误差或限定条件的经验性参数。造成这些缺陷的原因在于现有气流组织评价指标的数学表达形式无法描述设计流场与实际营造流场之间的定量差异程度。为此，本章将提出一种名为靶向值的室内气流组织评价指标来解决上述问题。

4.1 针对不均匀速度场和温度场的靶向值

风口将空气送入房间特定区域的射流过程与弓将箭射入箭靶的射击过程可以进行类比。用于评价弓箭射击准确度的评价指标也可以用于评价送风射流。图4.1通过引入飞机投弹过程来进一步说明射击与准确度之间的关系。

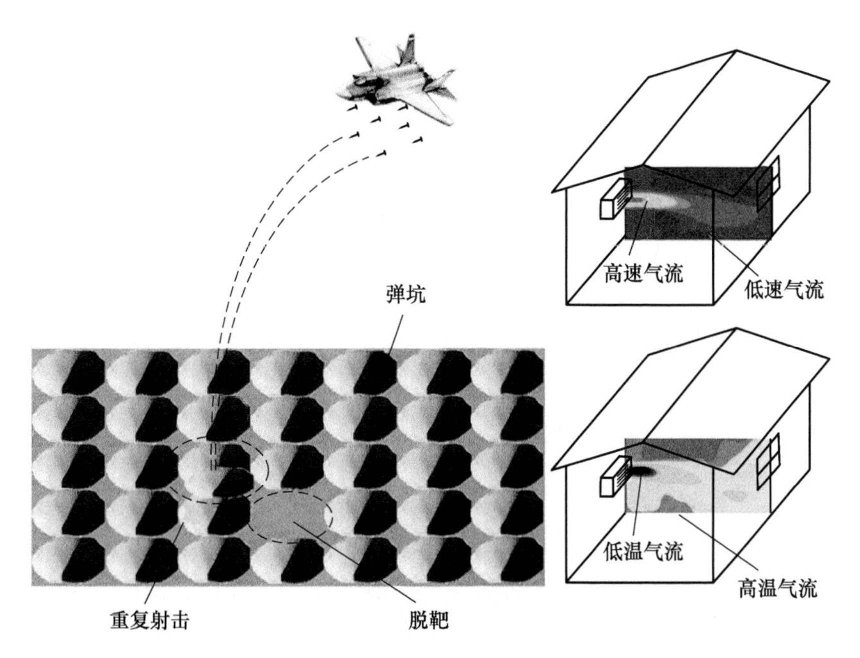

图 4.1　靶向值评价指标的想法提出

为了保证炮弹达到最大杀伤效果，在飞机投弹的过程中应注意以下要点：

(1) 炮弹应尽量投在指定区域内，即靶向区域内。落在指定区域内的炮弹越多，说明投弹越准确。

(2) 落在指定区域内的炮弹所造成的杀伤力应尽量均匀分布。当区域内的杀伤力分布越均匀时，说明准确度越高。

(3) 同一个弹坑内应避免落入多颗炮弹。当一颗炮弹已经能够在指定区域内实现杀伤效果后，若再对该区域进行重复投弹则会造成炮弹的浪费。

(4) 炮弹的杀伤力能够达到期望。若每颗炮弹的杀伤力不足以造成杀伤，则反映轰炸效果不足。

因此，类比射击与送风射流，从气流组织的有效性角度来描述送风射流的靶向过程：

(1) 只对指定区域进行送风，对非指定区域不进行送风，这是衡量气流组织是否有效的基础标准。图 4.2 中的工作区为指定区域，即为靶向区域，希望所有的风都能送入工作区；而非工作区与人员热舒适无关，送到非工作区的风就属于浪费。因此，送风气流送入工作区的风越多，送入非工作区的风越少，这种类型的送风射流就越有效。

(2) 最为有效的送风效果是送入工作区内的风恰好能够覆盖整个工作区，且可以均匀分布。

(3) 在送风气流均匀分布的基础上，同一处位置需要避免过多的送风，过多的送风会产生能量浪费(增加通风空调系统运行能耗)和引起不必要的吹风感。

(4) 过少的送风或风速不够大会导致工作区的风速过小，即送风射流不可及。过小的风速难以消除工作区的冷/热负荷，会在建筑局部内引起闷热感。

图 4.2　靶向区域示意图

送风射流的准确度可以与射击的准确度进行类比。如果以风速为例，送风射流的准确度(风速靶向值)的表达式为

$$T_{\mathrm{v}}=\sqrt{\frac{\sum_{k=1}^{n_{\mathrm{i}}}(V_{\mathrm{i},k}-V'_{\mathrm{i},k})^2+\sum_{k=1}^{n_{\mathrm{o}}}(V_{\mathrm{o},k}-V'_{\mathrm{o},k})^2}{n_{\mathrm{o}}+n_{\mathrm{i}}}} \tag{4.1}$$

式中，T_v 为送风速度靶向值；n_i 为在靶向区域内的测点；n_o 为在靶向区域外的测点；$V_{i,k}$ 为靶向区域内送风有效性指标的实际值（通过模拟或测试该点风速获得）；$V'_{i,k}$ 为靶向区域内送风有效性指标的期望值（期望送风射流断面覆盖靶向）；$V_{o,k}$ 为靶向区域外送风有效性指标的实际值（通过模拟或测试该点风速获得）；$V'_{o,k}$ 为靶向区域外送风有效性指标的期望值（期望送风射流断面不要覆盖靶向外的区域，即 $V'_{o,k}=0$）。

当 $V_{i,k}>V'_{i,k}$ 时，为过度通风；当 $V_{i,k}<V'_{i,k}$ 时，为通风不可及。这两种情况都没有达到送风期望值。由式(4.1)可知，当送风断面覆盖在靶内区域的范围越大且覆盖在靶外区域的范围越小时，区域靶向值 T_v 越小，因此，期望的结果是送风断面尽可能完全覆盖在靶内的区域。

在气流组织分布性能评价过程中，气流分布的均匀性和气流的可及性受到广泛关注。气流分布的均匀性是指室内流场流速大小处处均等，如果出现局部速度过大或者局部送风不足都会引起热不舒适；气流的可及性是指理想状态下送风气流都应该到达该区域。以标准差为计算基础的靶向值可以同时包括对这两个问题的评价。在靶向值的计算过程中，样本小于均值的程度可用于评价送风射流的可及性问题，样本之间偏差的大小对应于室内实际气流组织设计过程中的气流分布均匀性问题。

与风速靶向值指标相似的还有其他靶向值评价指标，包括面积靶向值、温度靶向值、相对湿度靶向值和污染物浓度靶向值。

面积靶向值 T_s 为

$$T_s=\sqrt{\frac{\sum_{k=1}^{n_i}(S_{i,k}-S'_{i,k})^2+\sum_{k=1}^{n_o}(S_{o,k}-S'_{o,k})^2}{n_i+n_o}} \tag{4.2}$$

式中，T_s 为面积靶向值；n_i 为靶向区域内测点的数量；n_o 为靶向区域外测点的数量；$S_{i,k}$ 为靶向区域内送风有效性指标的实际值（通过模拟或试验测量该点风速获得)；$S'_{i,k}$为靶向区域内送风有效性指标的期望值；$S_{o,k}$为靶向区域外送风有效性指标的实际值(通过模拟或试验测量该点风速获得)；$S'_{o,k}$为靶向区域外送风有效性指标的期望值。

温度靶向值 T_t 为

$$T_t = \sqrt{\frac{\sum_{k=1}^{n_i}(t_{i,k}-t'_{i,k})^2+\sum_{k=1}^{n_o}(t_{o,k}-t'_{o,k})^2}{n_o+n_i}} \tag{4.3}$$

式中，$t_{i,k}$为靶向区域内温度的实际值；$t'_{i,k}$为靶向区域内温度的期望值；$t_{o,k}$为靶向区域外温度的实际值；$t'_{o,k}$为靶向区域外温度的期望值。

当 $t_{i,k}>t'_{i,k}$时，为温度过高；当 $t_{i,k}<t'_{i,k}$时，为温度不可及。这两种情况都没有达到期望值。

相对湿度靶向值 T_φ 为

$$T_\varphi = \sqrt{\frac{\sum_{k=1}^{n_i}(\varphi_{i,k}-\varphi'_{i,k})^2+\sum_{k=1}^{n_o}(\varphi_{o,k}-\varphi'_{o,k})^2}{n_o+n_i}} \tag{4.4}$$

式中，$\varphi_{i,k}$为靶向区域内相对湿度的实际值；$\varphi'_{i,k}$为靶向区域内相对湿度的期望值；$\varphi_{o,k}$为靶向区域外相对湿度的实际值；$\varphi'_{o,k}$为靶向区域外相对湿度的期望值。

当 $\varphi_{i,k}>\varphi'_{i,k}$时，为相对湿度过度；当 $\varphi_{i,k}<\varphi'_{i,k}$时，为相对湿度不可及。这两种情况都没有达到期望值。

浓度(这里以氧气浓度为例)靶向值 T_c 为

$$T_c = \sqrt{\frac{\sum_{k=1}^{n_i}(C_{i,k}-C'_{i,k})^2+\sum_{k=1}^{n_o}(C_{o,k}-C'_{o,k})^2}{n_o+n_i}} \tag{4.5}$$

式中，$C_{i,k}$为靶向区域内氧气浓度的实际值；$C'_{i,k}$为靶向区域内氧气浓度的期望值；$C_{o,k}$为靶向区域外氧气浓度的实际值；$C'_{o,k}$为靶向区域外氧气浓度的期望值。

当 $C_{i,k} > C'_{i,k}$ 时，说明供氧过多；当 $C_{i,k} < C'_{i,k}$ 时，说明供氧不足。在不同海拔地区，空气中氧气浓度不同，利用通风的方式使靶向区域和非靶向区域的氧气浓度达到期望值不容易实现，且不经济，所以需要一个合适的值赋予 $C'_{i,k}$。

除了上述单一指标以外，还有一些组合类型的指标，如 PMV、PPD、通风效率，这些指标也可以进行靶向值化。下面以 PMV 为例，其靶向值 T_p 为

$$T_p = \sqrt{\frac{\sum_{k=1}^{n_i} (\mathrm{PMV}_{i,k} - \mathrm{PMV}'_{i,k})^2 + \sum_{k=1}^{n_o} (\mathrm{PMV}_{o,k} - \mathrm{PMV}'_{o,k})^2}{n_o + n_i}} \tag{4.6}$$

式中，$\mathrm{PMV}_{i,k}$ 为靶向区域内 PMV 的实际值；$\mathrm{PMV}'_{i,k}$ 为靶向区域内 PMV 的期望值；$\mathrm{PMV}_{o,k}$ 为靶向区域外 PMV 的实际值；$\mathrm{PMV}'_{o,k}$ 为靶向区域外 PMV 的期望值。

当 $\mathrm{PMV}_{i,k} > \mathrm{PMV}'_{i,k}$ 时，为耗能过度；当 $\mathrm{PMV}_{i,k} < \mathrm{PMV}'_{i,k}$ 时，为没有达到期望的舒适指标。所以在舒适性达到指标的基础上，也要考虑经济费用。

靶向值指导了气流组织优化过程中送风速度的优化方式，补充靶向值的计算方法为

$$T = \mathrm{target} + \mathrm{error} \tag{4.7}$$

式中，error 为整体程度；target 为靶向程度。

$$\mathrm{target} = \sqrt{\frac{(V_i - V'_t)^2}{n}}$$

$$\mathrm{error} = \begin{cases} \dfrac{n_1}{n_2}, & n_1 > n_2 \\ -\dfrac{n_1}{n_2}, & n_2 > n_1 \end{cases}$$

式中，V_i 为靶向区域内送风有效性指标的实际值；V'_t 为靶向速度；n_1 为测点大于靶向值的个数；n_2 为测点小于靶向值的个数。$n_1 + n_2 = n$，n 为

全部靶向值测点的个数。

式(4.7)中靶向值 T 的计算由两部分组成,分别是 target 和 error。target 表明速度场或温度场偏离理想速度场或理想温度场程度的大小,error 表明速度或温度分布相对于设计值的正负偏差。由式(4.7)可知,当 error>0 时,室内流场中大部分参数值大于设计温度;当 error<0 时,室内流场中大部分参数值小于设计温度。靶向值 T 有两层含义:①target 代表室内参数场偏离设计场程度的大小;②error 是大于设计值的测点数与小于设计值的测点数的比值,反映了室内流场整体的偏离情况。

4.2 气流组织的优化途径

针对气流组织优化这一问题,陈清焰[1]引入了逆向模拟的方法,通过该方法可以假定室内流场,然后在假定室内流场的基础上反推边界条件,即风口形式。文献[2]~[4]中给出了这一方法对于气流组织的优化过程。在进行大量数值模拟的前提下,逆向模拟能够给出基本的边界条件形式。陶文铨[5]、过增元等[6~8]采用场协同的方法对室内流场进行了优化,此类方法多用于传热、传质流场的优化过程,但是现阶段场协同理论多用于给出最优场的形式,在实际流场设计中,缺少达到最优场的有效途径。

近年来,随着计算流体力学(computational fluid dynamics,CFD)技术的发展及其在暖通空调领域内的广泛使用,通过 CFD 模拟结果观察室内流场、优化室内流场已经成为常用的室内气流组织研究手段。CFD 数值模拟方法与试验方法最大的不同是能够方便给出云图和矢量图。这些云图和矢量图能够清晰地反映室内流场特性,并给出室内流场优化的方法。然而,基于室内流场云图的气流组织评价及优化研究大多只能给出定性结论,难以做出定量比较。

靶向值指标是基于方差形式提出的一种气流组织评价指标。它可以定量地把室内流场优化程度表示为一个值，并且能够简单直观说明室内流场的定量优化程度。靶向的提出为空调气流组织的优化设计以及气流组织评价提供了一个新的方法。以靶向值最小为目标函数的气流组织优化方法的具体步骤是：

（1）明确气流组织的服务对象及具体位置，划定并尽可能地缩小工作区的体积。给出工作区及非工作区空气参数的控制目标。

（2）明确针对某建筑空间设置气流组织形式能够进行改变的参数及其阈值，如风口大小（0.5m×0.6m～1m×1m）、风口风速（1～7m/s）等。

（3）针对已知参数及其阈值，以空气参数的控制目标的靶向值最小为目标函数，对参数进行正交试验及极性分析。给出各个参数的极性大小及靶向值最小时各个参数值的所在区间（优化后的阈值区间）。

（4）根据优化后的阈值区间及各个参数的极性大小，从极性由大到小的角度，针对各个参数，以速度场、温度场、浓度场的优化顺序依次进行试错分析，最终给出最优的优化参数值。

参考文献

[1] 陈清焰. 居住建筑室内通风策略与室内空气质量营造[J]. 暖通空调，2016，46(9)：143-144.

[2] 宋富强，屈治国，何雅玲，等. 低速下空气横掠翅片管换热规律的数值研究[J]. 西安交通大学学报，2002，360(9)：899-902.

[3] 孟继安，陈泽敬，李志信. 管内对流换热的场协同分析及换热强化[J]. 工程热物理学报，2003，24(4)：652-654.

[4] 何雅玲，杨卫卫，赵春凤，等. 脉动流动强化换热的数值研究[J]. 工程热物理学报，2005，260(3)：495-497.

[5] 陶文铨. 数值传热学[M]. 西安：西安交通大学出版社，2001.

[6] 过增元. 场协同原理与强化传热新技术[M]. 北京：中国电力出版社，2004.

[7] 薛提微,陈群,过增元.基于方向导数法的换热系统性能优化[J].工程热物理学报,2019,40(2):363-374.

[8] 过增元,魏澍,程新广.换热器强化的场协同原则[J].科学通报,2003,480(22):2324-2327.

5 全面通风气流组织的靶向评价与设计

全面通风是在用清洁空气稀释室内污浊空气的同时，不断地把污浊空气排至室外，使室内空气污染物浓度不超过卫生标准规定的最高允许浓度的过程[1]。全面通风以整个空调房间为服务对象来改善整个区域的环境。全面通风由于通风原理清晰、设置方式简单被普遍应用于不同形式的建筑中。为了保障工作区的空气质量，气流组织形式有上送下回、下送上回、分层空调、置换通风等[2]。采取合理的气流组织形式是改善室内空气品质、满足室内人员热舒适、保障空调设备良好运行的有效途径。从节能减排角度来说，与提升设备运行效率相比，改善室内气流组织对提升空调系统运行效率效果更显著。如针对锅炉、压缩机等冷热源效率的研究，锅炉、压缩机等冷热源设备的效率提升很难达到20%以上[3]，而通过气流组织优化，能够较为容易的提升室内通风效率、能量利用效率50%以上[4]。另外，气流组织还直接影响着室内人员热舒适及空气品质[5]。不良的气流组织更是哮喘、肿瘤、各类心血管疾病的重要诱因[6]。因此，如何设计、优化、评价气流组织仍是目前需要解决的难题[7]。

现有的气流组织评价指标有速度不均匀系数、温度不均匀系数、空气龄、能量利用效率(余热排除效率)、PMV、PPD、温度梯度、ADPI等，但它们只是针对流场内某一个点的评价指标，而不是针对整个流场的评价指标，因此只能反映流场内某一个点的优劣，而不能反映整个流场的优劣。在现有的评价指标中ADPI是流场的综合评价指标，但ADPI在流场的评价过程中却存在三个问题：①ADPI指标不能反映流场风速偏离设计风速的范围和流场温度偏离设计温度的范围；②ADPI指标不能精确的控制、衡量流场优劣；③不在 ΔET 范围内的流场不能用 ADPI 进行评价[8]。另外，由于成本过大，气流组织难以实现均匀流或者活塞流，各种气流组织形式所营造出的流场多为不均匀场。用已有的评价指标如 PMV、PPD、速度不均匀系数、温度不均匀系数均难以做出合理的评价。随着 CFD 技术的发展以及其在研究领域内的广泛使用，通过 CFD 模拟结果观察室内流场、优化室内流场已成为一种常用的研究手段，但是这种方法只能给出定性结论，难以进行定量比较，特别是难以定量地说明一个流场比另一个流场的优化程度。如何定量地把不同的流场优化情况表示成一个值是亟待解决的问题。

5.1 高大空间全面通风的气流组织靶向值评价

5.1.1 气流组织的靶向值评价研究模型

本节选取常用的五种气流组织形式作为研究对象，分别是层式通风、分层空调、上送上回、上送下回、置换通风。这五种常用的气流组织形式如图 5.1 所示。

室内流场模型试验研究的基础是寻找建筑内流动换热原型和缩尺模型之间的对应关系。

(1) 在建筑内流动换热原型和缩尺模型各相关参数成比例的情况下，涉及两种相似现象的相似准则数必定相同。

(2) 建筑内流动换热原型和缩尺模型之间流动换热的边界条件相似，且通过这些边界条件计算得出的建筑内流动换热原型和缩尺模型的相似准则数相等。

(3) 建筑内流动换热原型和缩尺模型之间的流动换热问题可以采用相似准则 $\Pi_1, \Pi_2, \cdots, \Pi_n$ 之间的函数关系或准则方程式 $F(\Pi_1, \Pi_2, \cdots, \Pi_n)=0$ 来解决。对于试验所模拟的室内流场，只有三个独立量纲[M](质量)、[L](长度)、[T](时间)。影响室内流场较大的两个因素是空气的风速和动力黏性系数,空气的风速和动力黏性系数关系为$[\mu]=[\rho]^{\alpha}[V]^{\beta}[h]^{\gamma}$,则量纲关系式可以写成

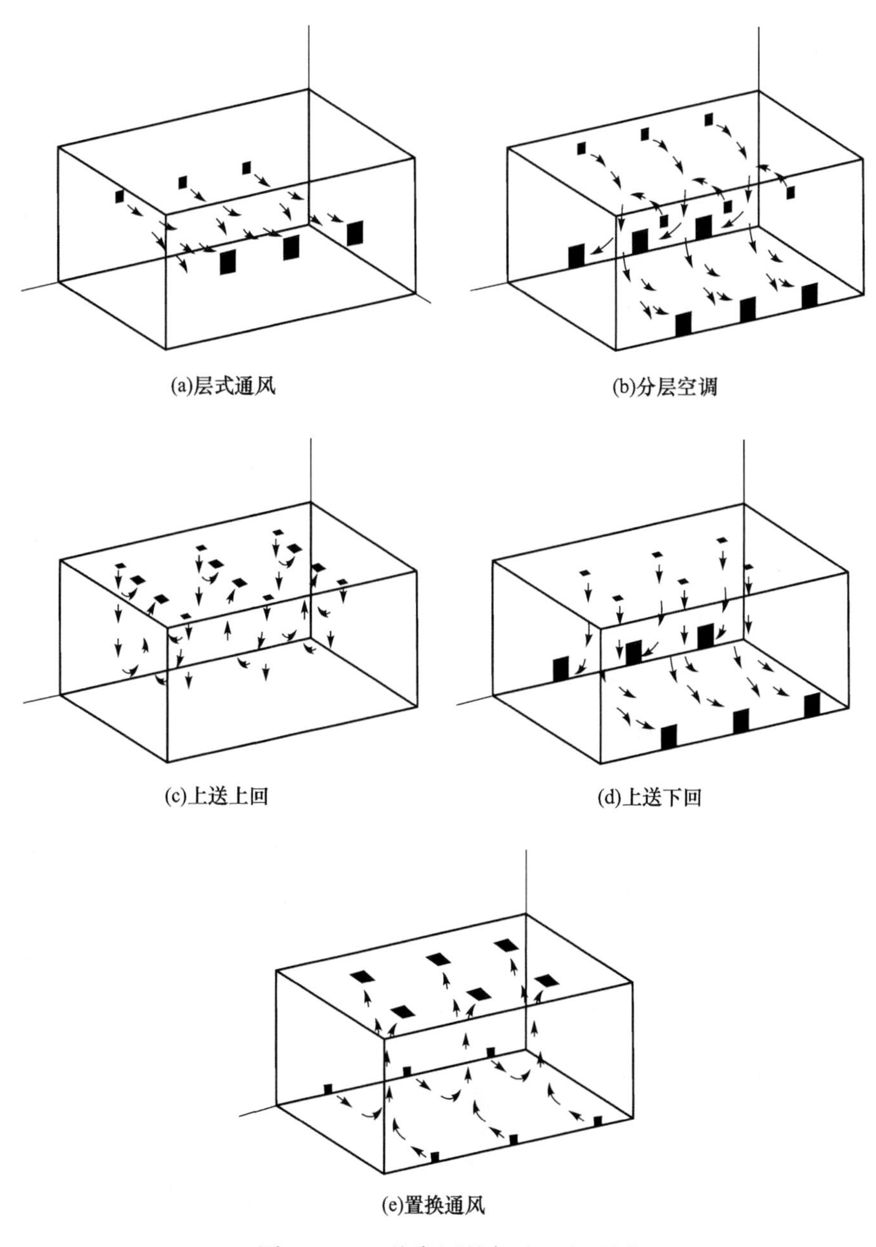

图 5.1 五种常用的气流组织形式

$$ML^{-1}T^{-1}=[ML^{-3}]^{\alpha}[LT^{-1}]^{\beta}[L]^{\gamma} \tag{5.1}$$

解得 $\alpha=1,\beta=1,\gamma=1$。则有

$$\Pi=\frac{\rho VR}{\mu} \tag{5.2}$$

在测试以及模拟的过程中保持雷诺数不变。通过相似量纲分析得出，在黏性力占主导的流动过程中，有

$$Re=\frac{Vh}{\nu} \tag{5.3}$$

式中，V 为风速，m/s；h 为特征长度，m；ν 为运动黏性系数，m^2/s。

在试验结果与模拟结果的比较过程中，满足 Re 相等。缩尺比例为 1∶5，试验送风速度为 2m/s，模拟送风速度为 0.4m/s。

试验用一台轴流风机提供动力，实际出风口是压力出口，相对压力为零。在试验过程中，确保在试验测试台周围没有明显的空气扰流。试验过程中所采用的测量仪器为热线风速仪，它的测量范围为 0.05～50m/s，精度为 0.01m/s，测量范围和精度都满足试验的要求。在测量过程中，将热线风速仪的探头置于待测点并且等待室内流场稳定之后，每隔 5s 连续读取 8 个值，之后将测量得到的结果取平均值，即为本次测量的风速，这 8 个值的方差就是试验结果的误差。

为尽量使 CFD 数值模拟的计算误差达到最小，对层式通风、分层空调、上送下回三种气流组织形式的湍流模型进行验证，如图 5.2 所示。将试验过程中测量得到的 8 个值计作 $t_i(i=1\sim8)$，将不同湍流模型在同一位置对应的模拟值计作 $m_i(i=1\sim8)$。不同湍流模型的模拟值和在同一位置对应的试验值之间的平均误差为

$$m=\frac{\sum_{i=1}^{8}\frac{|t_i-m_i|}{t_i}}{8} \tag{5.4}$$

气流组织的湍流模型验证如表 5.1 所示。

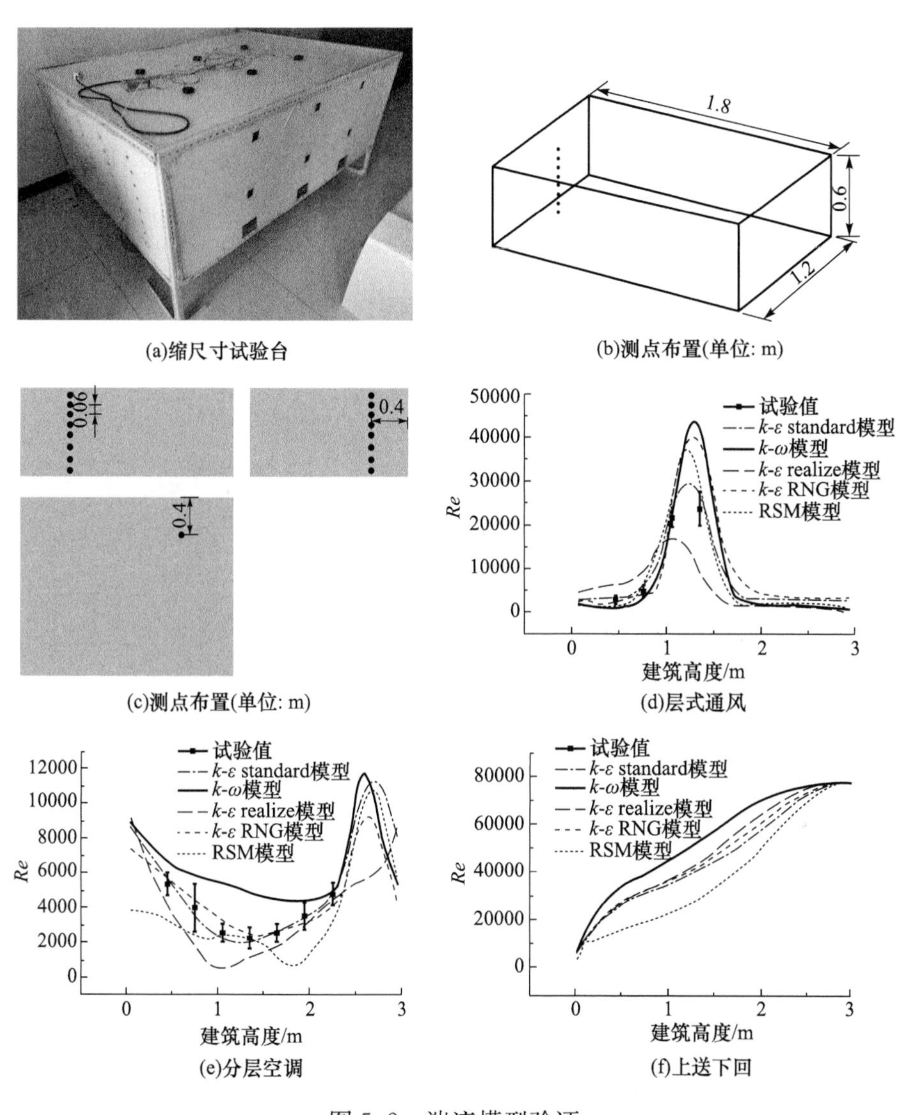

图 5.2 湍流模型验证

表 5.1 气流组织的湍流模型验证

通风形式	不同湍流模型的模拟值和在同一位置对应试验值之间的平均误差 m				
	k-ε standard 模型	k-ω 模型	k-ε realize 模型	k-ε RNG 模型	RSM 模型
层式通风	0.044	0.64	0.40	0.33	0.30
分层空调	0.06	0.38	0.11	0.31	0.52
上送下回	0.02	0.23	0.07	0.23	0.04

通过对试验结果和模拟结果进行对比，在层式通风、分层空调、上送上回三种气流组织形式下，k-ε standard 模型的模拟结果和试验结果更接近，因此在后续研究过程中选取的湍流模型为 k-ε standard 模型。

5.1.2　不同气流组织形式下的风速场优化及评价分析

对层式通风、分层空调、上送上回、上送下回、置换通风五种气流组织形式形成的风速场分别采用 ADPI、PMV、PPD、能量利用效率、速度不均匀系数、温度不均匀系数进行评价。在比较五种气流组织形式时，除送风速度和送风温度外其他边界条件完全相同，送风速度取值范围为 0.5～5m/s，目的是使这五种气流组织形式都尽可能营造 0.3m/s 的风速场。不同送风速度下的评价指标如图 5.3 所示。

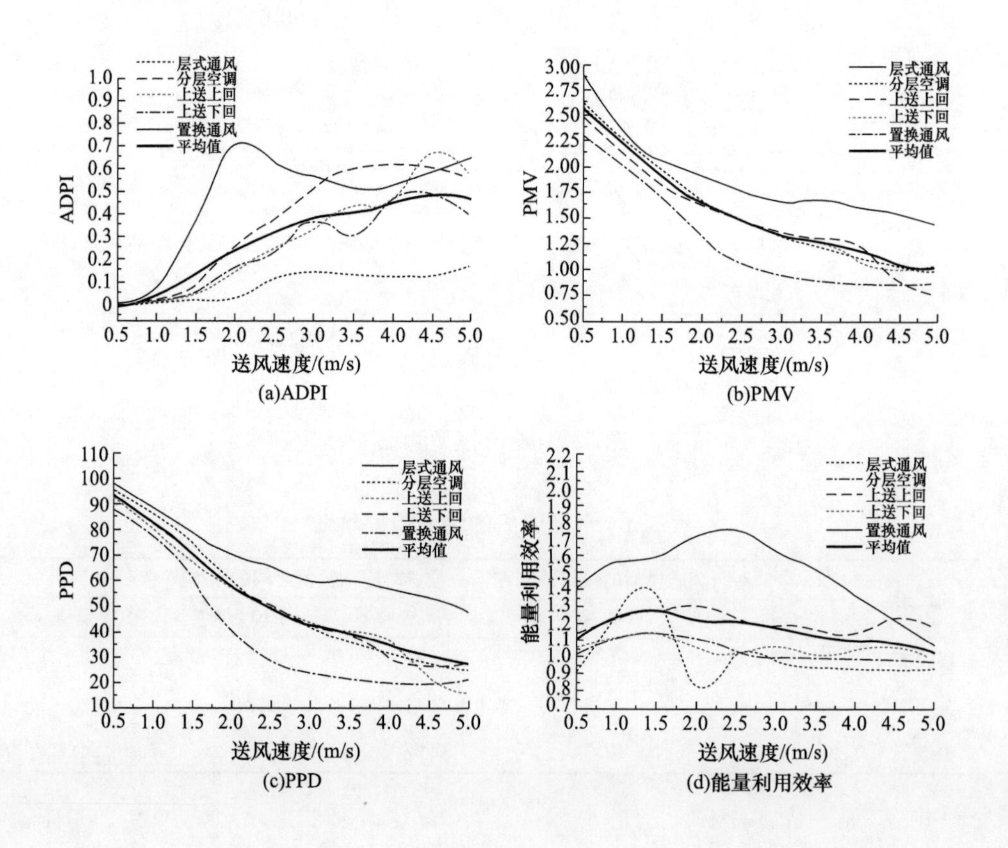

(a)ADPI　(b)PMV

(c)PPD　(d)能量利用效率

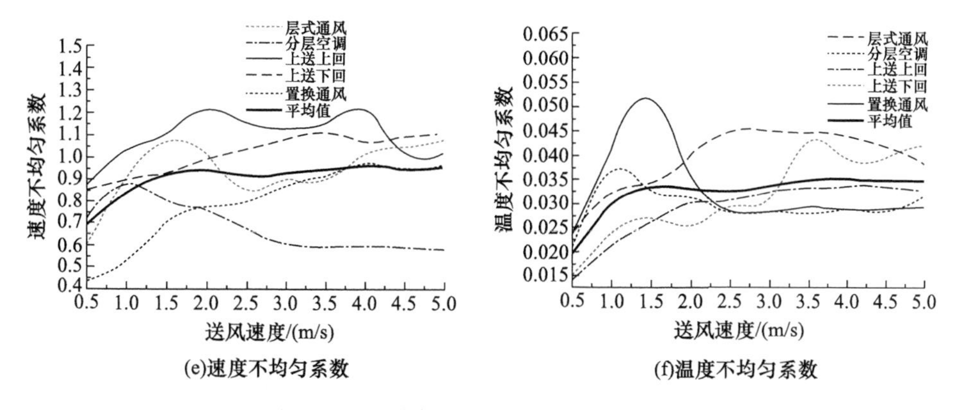

图 5.3 不同送风速度下的评价指标

如图 5.3(a)所示,除置换通风、分层空调外,随着送风速度的变化,层式通风、上送上回、上送下回气流组织形式的 ADPI 不存在峰值。因此,在本次优化过程中,ADPI 不能作为室内风速场的有效评价指标。ADPI 在评价气流组织过程时存在缺陷。造成这一缺陷的原因是当某位置的 ΔET 必须处于某一范围时,才能计入满足要求的"1",否则是"0",且不存在中间值。这意味着当风速场内某位置的参数经过优化后虽然变得更优(如更接近 0.3m/s),但仍未处于 ΔET 所要求的范围内,该优化过程量仍未达到要求(即 ΔET 被认为是 0)。

如图 5.3(b)、(c)所示,在五种气流组织形式下,PMV 和 PPD 随着送风速度的增加而单调递减,均不存在谷值。因此,在本次优化过程中,PMV 和 PPD 不能作为室内风速场的有效评价指标。

如图 5.3(d)所示,在送风速度变化过程中,除置换通风、层式通风外,分层空调、上送上回、上送下回气流组织形式的能量利用效率值均不存在峰值。因此,在本次优化过程中,能量利用效率不能作为室内风速场的有效评价指标。

如图 5.3(e)所示,在送风速度变化的过程中,五种气流组织形式的速度不均匀系数均不存在谷值。因此,在本次优化过程中,速度不均匀系数不能作为室内风速场的有效评价指标。

如图 5.3(f)所示，在送风速度变化过程中，五种气流组织形式的温度不均匀系数均不存在谷值。因此，在本次优化过程中，温度不均匀系数不能作为室内风速场的有效评价指标。

综上所述，已有评价指标均难以有效评价气流组织的优化过程。本节提出一种新的气流组织评价指标，即风速靶向值。风速靶向值的谷值为最优风速靶向值。如图 5.4 所示，在送风速度变化的过程中，层式通风在送风速度为 2.5m/s 时达到最优风速靶向值 0.20，分层空调在送风速度为 3m/s 时达到最优风速靶向值 0.16，上送上回在送风速度为 1m/s 时达到最优风速靶向值 0.21，上送下回在送风速度为 1.5m/s 时达到最优风速靶向值 0.20，置换通风在送风速度为 2.5m/s 时达到最优风速靶向值 0.18。因此，风速靶向值对五种不同气流组织形式的评价都有价值，并在这个风速变化的范围内都可以给出最优值。

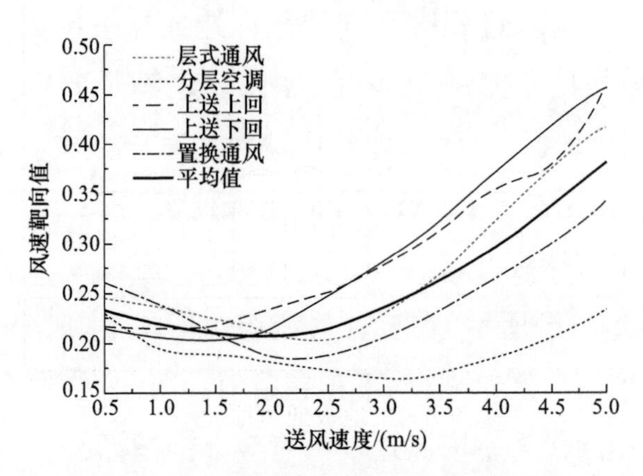

图 5.4　不同送风速度下风速靶向值

5.1.3　不同气流组织形式下的温度场优化及评价分析

对层式通风、分层空调、上送上回、上送下回、置换通风五种气流组织形式形成的温度场分别采用 ADPI、PMV、PPD、能量利用效率、速度不均匀系数、温度不均匀系数进行评价。本节在优化气流组织的过程中选取了在不同送风速度下具有最优风速靶向值的送风速度值，且除风速、温度以外边界条件完全相同。在此基础上，依次增加送风温度，计算靶向温度为 26℃时室内垂直高度 2m 以内区域的温度靶向值，图 5.5 为不同送风温度下已有评价指标变化。

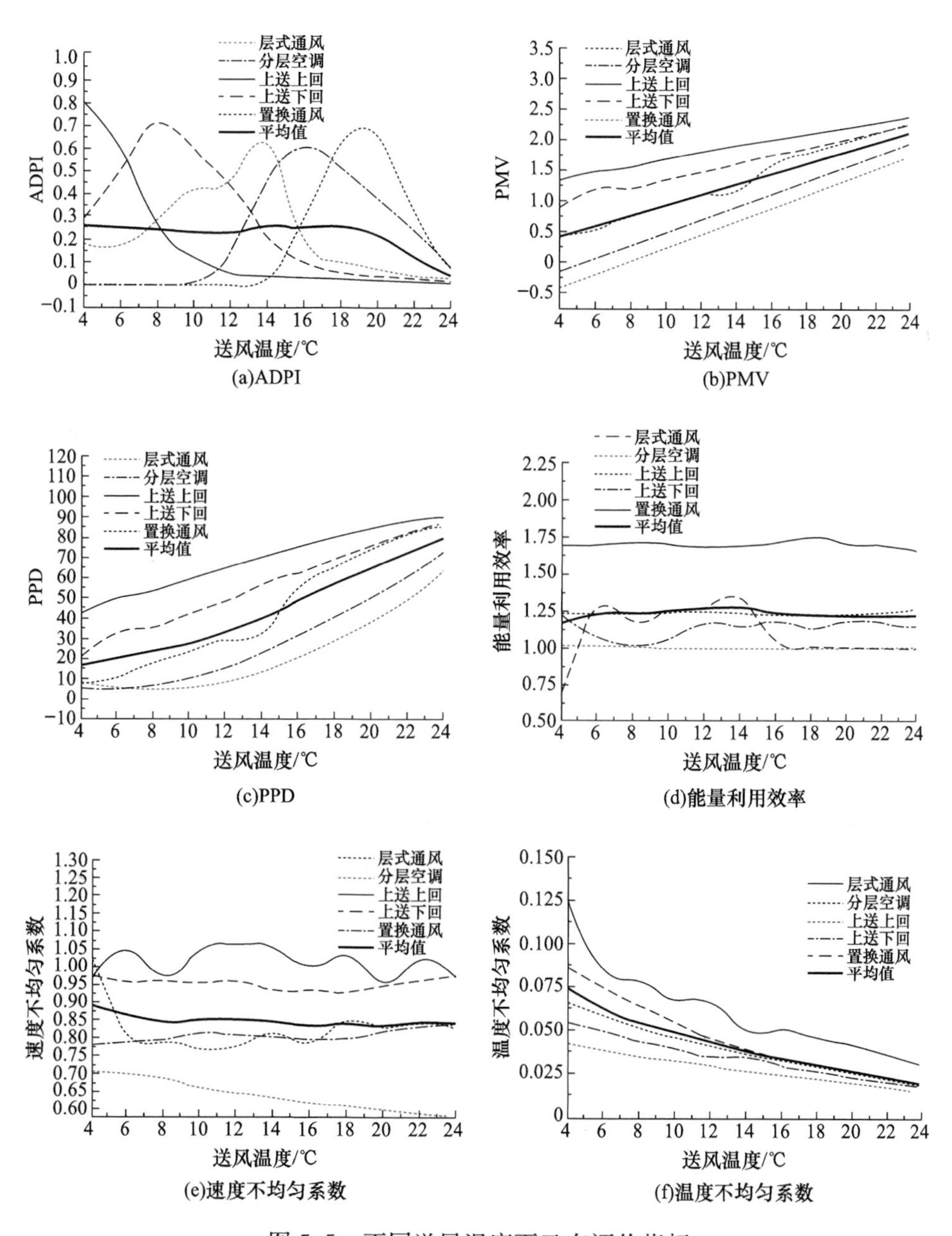

图 5.5　不同送风温度下已有评价指标

如图 5.5(a)所示,上送上回气流组织形式的 ADPI 不存在峰值,且 ADPI 能够评价气流组织形式优化过程的前提是温度场内温度处于 ΔET 的有效区间内,而图 5.5(a)中的送风速度是具有最优风速靶向值的送风速度。因此,ADPI 不能全面地对气流组织优化过程进行评价。

如图 5.5(b)、(c)所示,在五种气流组织形式下,PMV 和 PPD 随着送风温度的增加而单调递减,均不存在谷值。因此,在本次优化过程中,PMV 和 PPD 不能作为室内温度场的有效评价指标。

如图 5.5(d)所示,在送风温度变化过程中,五种气流组织形式的能量利用效率均不存在峰值。因此,在本次优化过程中,能量利用效率不能作为室内温度场的有效评价指标。

如图 5.5(e)所示,在送风温度变化过程中,五种气流组织形式的速度不均匀系数均不存在谷值,且送风速度的变化对室内温度场分布及室内风速大小影响非常小,速度不均匀系数几乎不发生变化,是符合预期的。因此,在本次优化过程中,速度不均匀系数不能作为室内温度场的有效评价指标。

如图 5.5(f)所示,温度不均匀系数随着温度增加而降低,表明在送风温度增加的过程中,室内温度场变得更加均匀。对于一般的民用建筑,送风温度为 10～20℃,但是送风温度在 20℃左右温度不均匀系数不存在谷值,而图 5.5(f)中做评价的温度的变化范围为 4～24℃,已经包含了常规的送风温度区间。因此,在本次优化过程中,温度不均匀系数不能作为室内温度场的有效评价指标。

当送风温度变化时,不同气流组织形式的温度靶向值都存在最优值。如图 5.6 所示,在送风温度变化过程中,层式通风在送风温度为 14℃时达到最优温度靶向值 1.30;分层空调在送风温度为 16℃时达到最优温度靶向值 0.77;上送上回在送风温度为 6℃时达到最优温度靶向值 1.04;上送下回在送风温度为 10℃时达到最优温度靶向值 1.04;置换通风在送风温度为 20℃时达到最优温度靶向值 0.67。因此,温度靶向值能够评价五种不同气流组织形式下的温度场，并在此基础上给出送风温度。而上述分析已有的其他气流组织评价指标均难以对室内温度场做出有效评价。

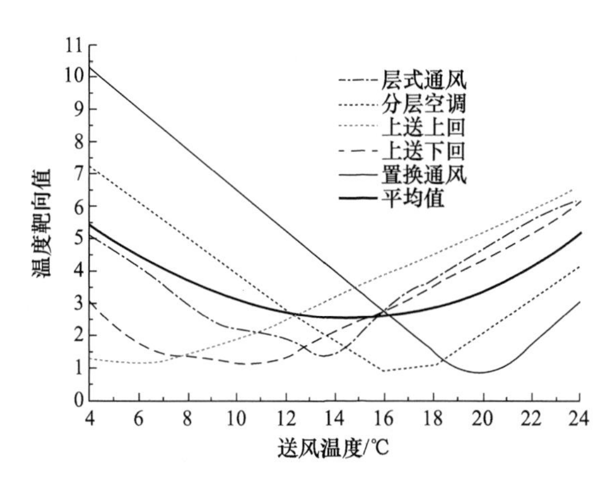

图 5.6　不同送风温度下温度靶向值

5.1.4　靶向值的评价结果

在以靶向值为评价指标优化完室内流场之后，截取了五种气流组织形式下的室内流场的风速场云图和温度场云图。最优风速靶向值对应的风速场云图和最优温度靶向值对应的温度场云图如图 5.7 所示。

如图 5.7(a)所示，从层式通风气流组织条件下风速场云图可以看出，室内 2m 以下区域风速约为 0.3m/s，而 2m 以上区域风速基本低于 0.1m/s。由此可知，层式通风气流组织形式对风速场具有良好的分层效应，而且用风速靶向值作为优化指标得到的风速场与设计风速场非常接近。从层式通风气流组织条件下温度场云图可以看出，2m 以下工作区温度大多约为 26℃，而 2m 以上区域的温度在 30℃以上。由此可知，优化后的层式通风气流组织形式具有良好的分层特性，用温度靶向值作为优化指标得到的温度场与设计温度场非常接近。

如图 5.7(b)所示，从分层空调气流组织条件下风速场云图可以看出，室内 2m 以下区域风速大多低于 0.3m/s，而 2m 以上区域风速基本高于 1m/s。由此可知，分层空调气流组织形式可以获得均匀的风速场，而且用风速靶向值作为优化指标得到的风速场与设计风速场非常接近。从分层空调气流组织条件下温度场云图可以看出，2m 以下工作区温度大多约为 26℃，而 2m 以上区域的温度在 22℃以下。由此可知，优化后的分层空调气流组织形式具有良好的分层特性，用温度靶向值作为优化指标得到的温度场与设计温度也非常接近。

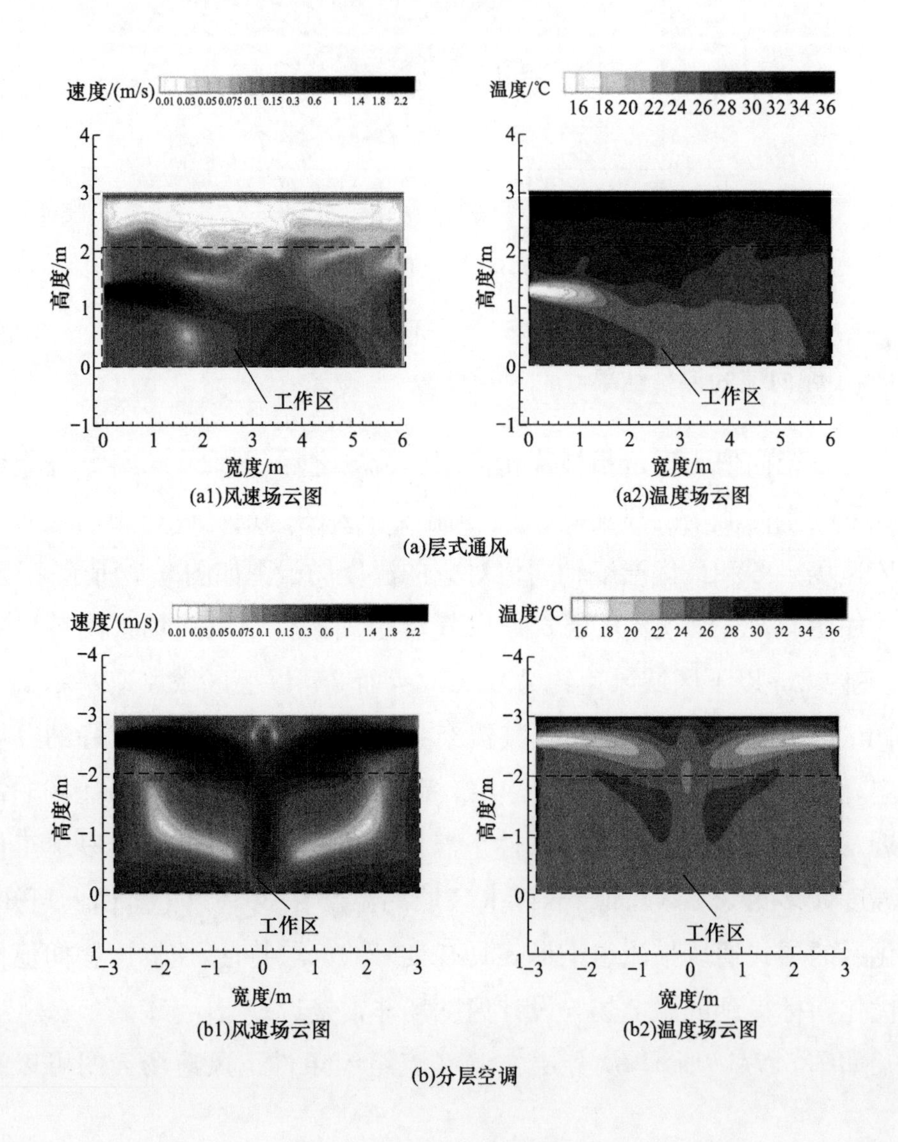

(a1)风速场云图　(a2)温度场云图

(a)层式通风

(b1)风速场云图　(b2)温度场云图

(b)分层空调

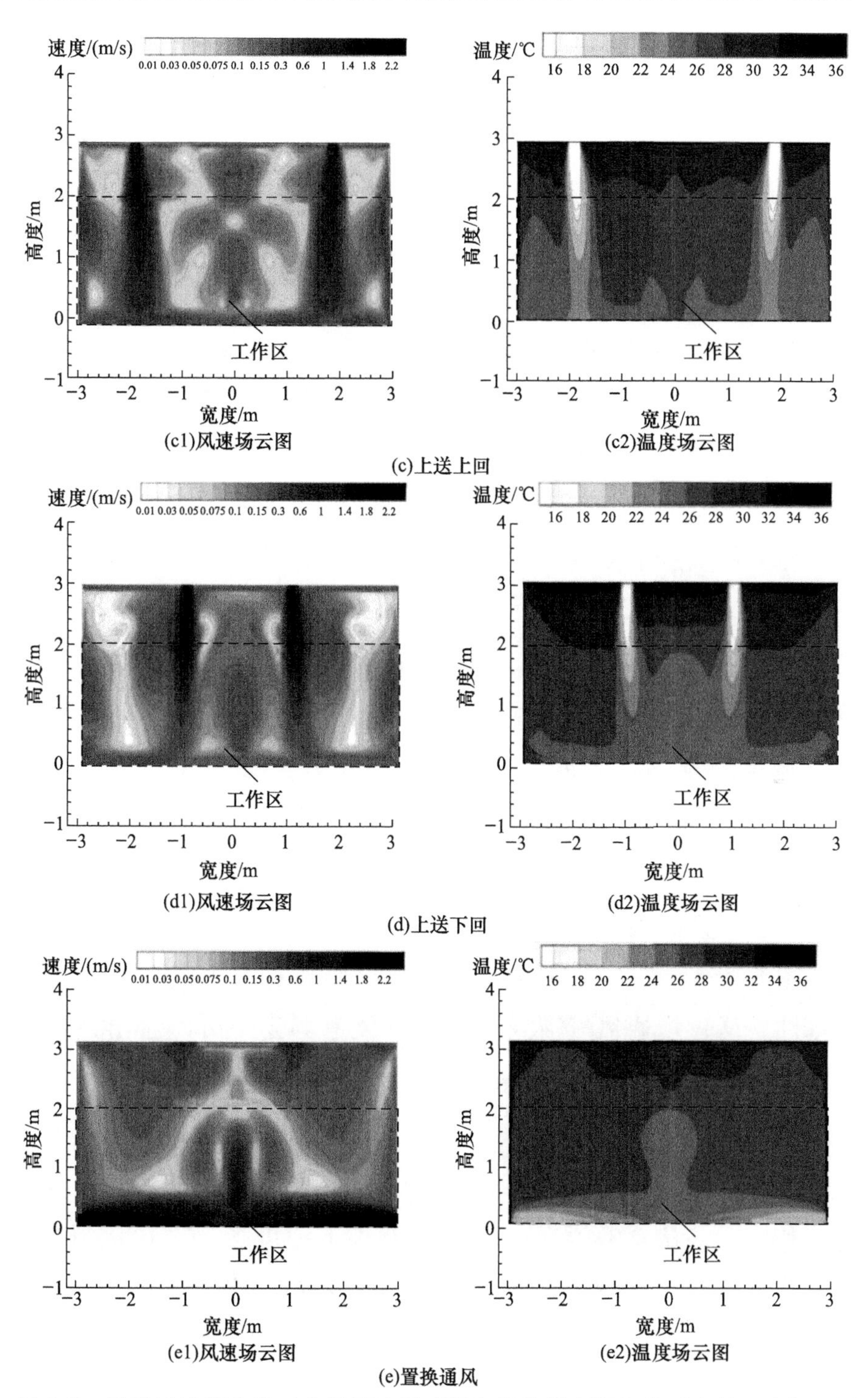

(c1)风速场云图 (c2)温度场云图

(c)上送上回

(d1)风速场云图 (d2)温度场云图

(d)上送下回

(e1)风速场云图 (e2)温度场云图

(e)置换通风

图 5.7 最优风速靶向值对应的风速场云图和最优温度靶向值对应的温度场云图

如图 5.7(c)所示，上送上回气流组织形式对室内流场具有良好的分层特性。从上送上回气流组织条件下风速场云图可以看出，室内 2m 以下区域风速大多低于 0.3m/s，而 2m 以上部分区域风速高于 0.3m/s。由此可知，上送上回气流组织形式对风速场具有良好的分层特性，而且用风速靶向值作为优化指标得到的风速场与设计风速场非常接近。从上送上回气流组织条件下温度场云图可以看出，2m 以下工作区温度大多约为 26℃，而 2m 以上区域的温度在 26℃以上。由此可知，优化后的上送上回气流组织形式具有良好的分层特性，用温度靶向值作为优化指标得到的温度场与设计温度也非常接近。

如图 5.7(d)所示，上送下回气流组织形式对室内流场具有明显的分层特性。从上送下回气流组织条件下风速场云图可以看出，室内 2m 以下区域风速约为 0.3m/s，而 2m 以上部分区域风速高于 0.3m/s。由此可知，上送下回气流组织形式对风速具有明显的分层特性，而且用风速靶向值作为优化指标得到的风速场与设计风速场非常接近。从上送下回气流组织条件下温度场云图可以看出，2m 以下工作区温度约为 26℃，而 2m 以上区域的温度在 26℃以上。由此可知，优化后的上送上回气流组织形式具有明显的分层特性，用温度靶向值作为优化指标得到的温度场与设计温度也非常接近。

如图 5.7(e)所示，置换通风气流组织形式对室内流场具有明显的分层特性。从置换通风气流组织条件下风速场云图可以看出，室内 2m 以下除接近地面区域外，其他区域风速约为 0.3m/s，而 2m 以上部分区域风速高于 0.3m/s。由此可知，上送下回气流组织形式对风速场具有明显的分层特性，而且用风速靶向值作为优化指标得到的风速场与设计风速非常接近。从置换通风气流组织条件下温度场云图可以看出，2m 以下工作区温度约为 26℃，而 2m 以上区域的温度在 26℃以上。由此可知，优化后的上送上回气流组织形式具有明显的分层特性，用温度靶向值作为优化指标得到的温度场与设计温度也非常接近。

综上所述，五种气流组织形式根据风速靶向值和温度靶向值优化后工作区的温度均约为 26℃，与设计温度非常接近，工作区的风速均约为 0.3m/s，与设计风速非常接近。因此，用靶向值来评价室内流场的优劣是合理的。

5.1.5 不同气流组织形式的靶向值极限分析

通过对不同气流组织形式的风速场和温度场进行优化，得到了每种送风气流组织形式的最优风速靶向值 $T_{v,min}$ 和最优温度靶向值 $T_{t,min}$，如图 5.8 所示。

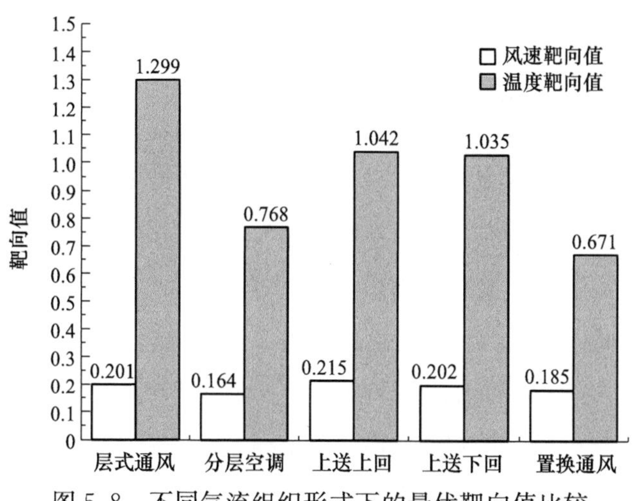

图 5.8 不同气流组织形式下的最优靶向值比较

最优风速靶向值 $T_{v,min}$ 是指通过各种手段优化某种气流组织形式所获得的最接近设计流场时的风速靶向值。它表示此类气流组织趋近设计速度场的极限程度。最优温度靶向值 $T_{t,min}$ 是指通过各种手段优化某种气流组织形式所获得的最接近设计流场时的温度靶向值。它表示此类气流组织趋近设计温度场的极限程度。对于给定建筑而言，最优靶向值越小，表示这种气流组织越适合。

对五种气流组织形式的风速靶向值和温度靶向值进行比较：层式通风风速靶向值为 0.201，温度靶向值为 1.299；分层空调风速靶向值为

0.164，温度靶向值为0.768；上送上回风速靶向值为0.215，温度靶向值为1.042；上送下回风速靶向值为0.202，温度靶向值为1.035；置换通风风速靶向值为0.185，温度靶向值为0.671。风速靶向值整体都小于温度靶向值，这是因为室内风速分布范围较窄，所以计算得出的温度靶向值也会在数值上大于风速靶向值。

对于风速场而言，层式通风最优风速靶向值 $T_{v,min}$ 为0.164，比其他气流组织形式的最优风速靶向值都小，这表明层式通风比其他气流组织形式能营造更接近设计流场的风速场。对于温度场而言，置换通风比其他气流组织形式具有最优温度靶向值（$T_{t,min}$＝0.671），这表明在本节研究工况下，置换通风比其他气流组织形式能营造更接近设计流场的温度场。

5.1.6 不同气流组织评价指标的评价功能总结

对于建筑而言，气流组织所营造室内流场的均匀性、送风可及性及热舒适性非常重要。如表5.2所示，风速靶向值和温度靶向值比PMV、PPD、ADPI、能量利用系数、速度不均匀系数、温度不均匀系数能够更好地评价气流组织。对于不同气流组织形式下的靶向值而言，更小的靶向值代表了更优的室内流场，靶向值也可以用于优化某种气流组织，靶向值越小，气流组织所营造的室内流场越优。基于这些评估，可以定量表示设计温度场和风速场的优劣。

表5.2 不同气流组织评价指标的评价功能总结

指标	有效表示流场均匀性	有效表示热舒适性	有效表示送风可及性	有效表示设计温度场和实际温度场之间的差异性	有效表示设计流场和实际流场之间的差异性
PMV-PPD	不可以	不可以	不可以	不可以	不可以
ADPI	可以	可以	不可以	不可以	不可以
能量利用效率	不可以	不可以	不可以	不可以	不可以
速度不均匀系数	可以	不可以	不可以	不可以	不可以
温度不均匀系数	可以	不可以	不可以	不可以	不可以
风速靶向值	可以	可以	可以	不可以	可以
温度靶向值	可以	可以	可以	可以	不可以

靶向值相比于上述已有的评价指标存在局限性:①靶向值是一个评价实际流场和设计流场之间差异性大小的指标,靶向值本身不包含任何和热舒适性有关的参数;②靶向值利用一个值表示整个室内流场中的气流组织分布特性,它的值取决于分布在室内流场中的测点个数,这种测量结果可以用试验或者数值模拟的方式获得,测点越多,结果越准确。因此,相比通风效率而言,使用靶向值作为评价指标需要更多的测点。

5.2　高大空间全面通风的气流组织靶向设计

5.2.1　基于射流轴心风速气流组织设计方法的不足

通风空调系统室内气流组织设计的一大任务是既快又准的消除室内冷、热、湿负荷。常见的通风空调系统设计流程是先根据系统负荷确定送风参数,再根据建筑特点及功能确定气流组织形式。对于高大空间气流组织形式而言,气流组织设计有效性的检验标准是校核射流轴心风速,如果射流轴心风速符合经验值要求,则表示气流组织形式符合设计要求。但是采用射流轴心风速校核存在以下不足:

(1) 以射流公式作为设计出发点的前提是射流在工作区营造的流场是均匀场。然而,工作区风速并不等于射流轴心风速的一半,射流轴心风速满足要求并不代表整个工作区风速都能满足要求。射流附近的风速可能会大于舒适性要求,而覆盖面之外的风速则达不到要求。

(2) 影响室内气流的送风参数包括送风口面积、送风速度、送风口偏转角度、送风温度等。传统设计方法中没有设计上述送风参数的先后次序。这使得上述送风参数在设计过程中都难以达到最优值,也难以给出相对更优的送风参数组合形式。

(3) 在气流组织设计过程中过于依赖射流公式。而在射流公式中射流轴心温度和射流轴心风速具有强耦合关系，很难使射流轴心风速及射流轴心温度同时满足要求。因此，对气流组织进行设计的前提是对具有强耦合关系的射流轴心温度和射流轴心风速进行解耦。

基于传统气流组织设计方法的不足，本节提出基于靶向值的气流组织设计方法，并将基于靶向值的气流组织设计方法应用到高大空间的气流组织设计过程中。传统气流组织设计方法与基于靶向值的气流组织设计方法对比如图 5.9 所示。传统气流组织设计过程是：①根据系统负荷计算出初步送风状态；②根据建筑特点和功能设计气流组织形式；③设计送风口偏转角度、送风速度和送风温度。而基于靶向值的气流组织设计过程是：①根据系统负荷计算出初步送风状态；②根据建筑特点和功能设计气流组织形式；③以风速靶向值作为评价标准，先设计送风口偏转角度，然后设计送风速度；④以温度靶向值设计送风温度。

传统气流组织设计方法和基于靶向值的气流组织设计方法之间的区别在于：

(1) 实际情况中室内流场不均匀，也没有具体室内流场平均风速的计算方法，只能利用射流公式来确定室内流场的平均风速，因此传统气流组织设计方法存在一定的缺陷。针对这一缺陷，基于靶向值的气流组织设计方法是用靶向值来综合评价室内每个点的风速和温度，相比于传统气流组织设计，利用靶向值来评价室内每个点的风速和温度更加符合室内流场的实际流动情况。

(2) 在通风空调系统运行中，送风速度、送风口偏转角度、送风口面积、送风温度对室内流场的影响具有耦合关系，改变其中一种因素，其他因素也会随之改变。传统气流组织设计方法没有针对这一问题提出解决办法。针对这一问题，基于靶向值的气流组织设计方法提出设计送风速度、送风口偏转角度、送风温度、送风口面积的先后次序，获得室内预期流场。

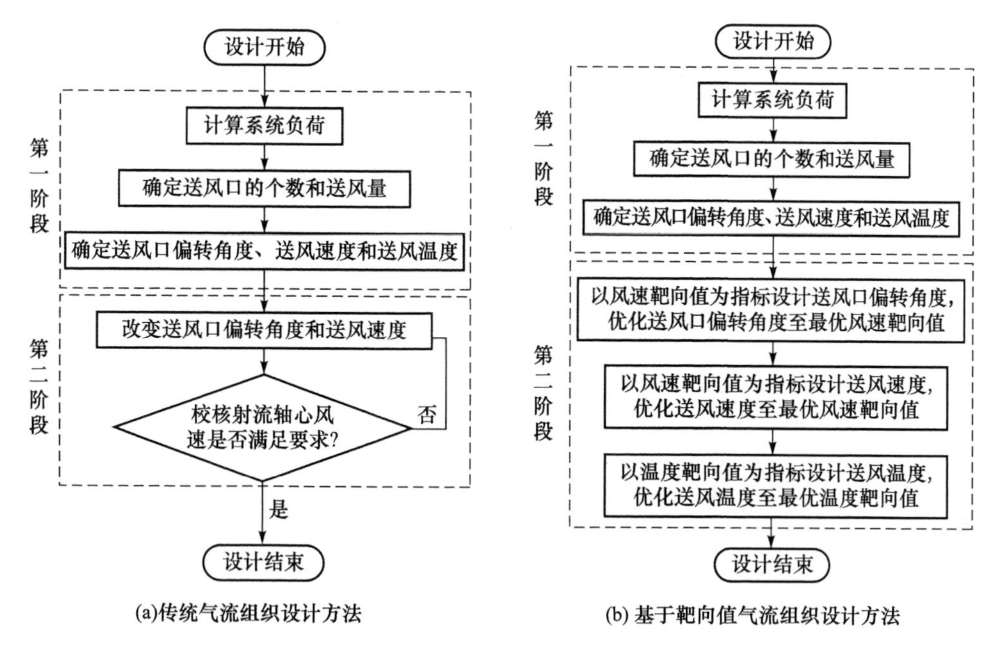

图 5.9　传统气流组织设计方法与基于靶向值的气流组织设计方法对比

5.2.2　送风口偏转角度、送风口面积、送风速度、送风温度对室内流场影响解耦

不同气流组织形式下影响室内流场的关键因素主要有送风口面积、送风口偏转角度、送风速度、送风温度等[9]。气流组织设计即是设计送风口面积、送风口偏转角度、送风速度、送风温度，使得室内流场达到要求[10]。然而以上影响因素对室内流场影响的权重大小并不相同，为了研究以上几项因素对室内流场影响的权重大小，本节对影响室内流场因素的权重大小进行分析。

1. 送风口偏转角度和送风口面积对室内流场影响解耦

对于非等温自由射流，由于射流与周围介质的密度不同，在浮力和重力不平衡条件下，水平射流或与水平面成一定角度的射流射出之后将发生弯曲，射流轴心轨迹计算公式为

$$\frac{y_i}{d_o}=\frac{x_i}{d_o}\tan\beta+Ar\left(\frac{x_i}{d_o\cos\beta}\right)^2\left(0.51\frac{ax_i}{d_o\cos\beta}+0.35\right) \tag{5.5}$$

式中，d_o 为圆形喷口直径，x_i 为射流水平距离，m；y_i 为射流纵向偏转距离，m；β 为射流与水平面之间的夹角，°；Ar 为阿基米德数。

$$Ar=\frac{gd_o(t_o-t_n)}{V_o^2t_o} \tag{5.6}$$

式中，t_n 为周围空气温度，℃；t_o 为射流送风温度，℃；V_o 为送风速度，m/s；g 为重力加速度，m/s^2。

由式(5.6)可得

$$y_i=x_i\tan\beta+0.51\frac{ax_i^3g(t_o-t_n)}{d_oV_o^2T_o\cos^3\beta}+0.35\frac{x_i^2(t_o-t_n)}{V_o^2t_o\cos^2\beta} \tag{5.7}$$

通常，冬季空调送风口偏转角度 $\beta<45°$，则 $\cos\beta>0$，$t_o-t_n>0$，因此 $Ar>0$。由式(5.7)可知，d_o 只在第二项的分母上，因此，射流纵向偏转距离随送风口面积递增而单调递减。由此可知，在气流组织设计过程中，可以通过只改变送风口面积而不改变其他影响因素，进而改变室内流场分布。

在 0°～90°范围内 $\tan\beta$ 随着 β 的增大而增大，$\cos\beta$ 随着 β 的增大而减小，$\cos\beta$ 在式(5.7)等号右侧第二项和第三项的分母上，因此第二项和第三项是随着 β 的增大而增大，则表明射流纵向偏转距离随着射流与水平面之间的夹角递增而单调递增。由此可知，在气流组织设计过程中，可以通过只改变送风口偏转角度而不改变其他影响因素，进而改变室内流场分布。

室内流场的初步设计不仅需要知道单一因素对室内流场的影响，还需要知道不同因素对室内流场影响的耦合关系。因此，本节针对典型高大空间设置了送风口偏转角度和送风口面积之间的对照性模拟，来验证送风口偏转角度和送风口面积对室内流场影响的耦合关系。通过 CFD 对该建筑内进行了冬季气流组织形式下的不同送风口偏转角度和不同送风口面积之间的比较。本次模拟工况分别选取 2°、4°、6°

三种不同的送风口偏转角度，选取直径为 0.3m、0.35m、0.4m、0.45m 四种不同的送风口面积，形成 12 组模拟工况，如表 5.3 所示。

表 5.3　不同送风口偏转角度和不同送风口面积之间的比较

工况	送风口偏转角度/(°)	送风口直径/m	送风口面积/m^2
d1	2	0.3	0.07
d2	4	0.3	0.07
d3	6	0.3	0.07
d4	2	0.35	0.10
d5	4	0.35	0.10
d6	6	0.35	0.10
d7	2	0.4	0.13
d8	4	0.4	0.13
d9	6	0.4	0.13
d10	2	0.45	0.16
d11	4	0.45	0.16
d12	6	0.45	0.16

通过射流轴心风速的变化来比较分析不同送风口偏转角度和不同送风口面积对室内流场的影响大小。为了描述不同曲线之间的接近程度，不同工况之间的偏差计算公式为

$$\delta_k = \frac{\sum_{j=1}^{n} \frac{|V_{ij} - V_{kj}|}{V_{ij}}}{n} \tag{5.8}$$

式中，n 为不同工况下射流轴心风速变化曲线上的各点；i 为基准工况；k 为非基准工况；V_{ij} 为基准工况下的射流轴心风速；V_{kj} 为非基准工况下的射流轴心风速；δ_k 为非基准工况和基准工况之间的偏差。

图 5.10 为在不同送风口偏转角度和不同送风口面积下射流轴心风速随射流水平距离的变化。

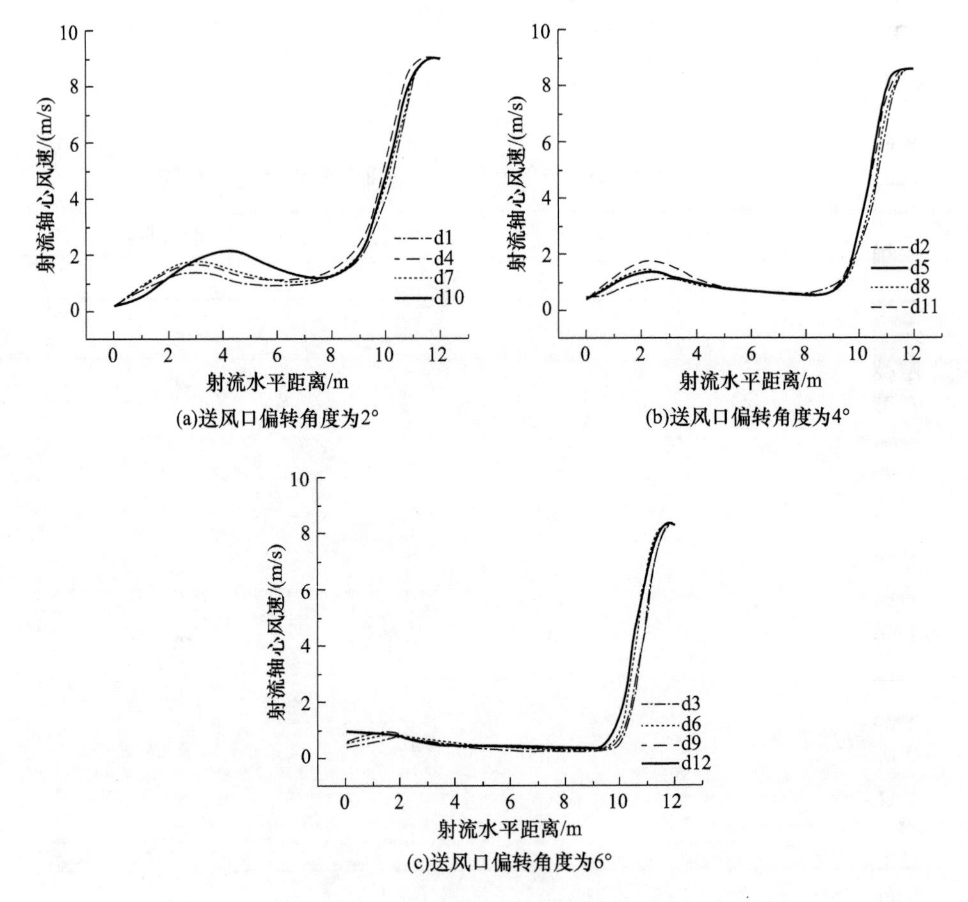

图 5.10　在不同送风口偏转角度和不同送风口面积下射流轴心风速随射流水平距离的变化

d1、d4、d7、d10 所对应的送风口偏转角度为 2°，以 d1 作为基准工况，对 d1、d4、d7、d10 进行比较，由图 5.10(a)可以看出，在 12m 的范围内同一送风口偏转角度下四种不同送风口面积的射流轴心风速随射流水平距离的变化基本相同，d4、d7、d10 和 d1 之间的偏差分别为 $\delta_{d4}=0.16$、$\delta_{d7}=0.14$、$\delta_{d10}=0.26$。d2、d5、d8、d11 所对应的送风口偏转角度为 4°，以 d2 作为基准工况，对 d2、d5、d8、d11 进行比较，由图 5.10(b)可以看出，在 12m 范围内同一送风口偏转角度下四种不同送风口面积的射流轴心风速随射流水平距离的变化基本相同，d5、d8、d11 和 d2

之间的偏差分别为 $\delta_{d5}=0.14$、$\delta_{d8}=0.14$、$\delta_{d11}=0.22$。d3、d6、d9、d12 所对应的送风口偏转角度为 6°，以 d3 作为基准工况，对 d3、d6、d9、d12 进行比较，由图 5.10(b)可以看出，在 12m 范围内同一送风口偏转角度下四种不同送风口面积的射流轴心风速随射流水平距离的变化基本相同，d6、d9、d12 和 d3 之间的偏差分别为 $\delta_{d6}=0.21$、$\delta_{d9}=0.22$、$\delta_{d12}=0.4$。因此，在送风口面积变化程度为原来面积的 50%的情况下，相同送风口偏转角度但不同送风口面积所形成的室内流场基本相同。由此可知，送风口偏转角度和送风口面积对室内流场的影响是互相独立的。

因此，在冬季工况下，射流轴心风速分别随着送风口面积和送风口偏转角度单调变化，而且送风口面积和送风口偏转角度对室内流场的影响相互独立。所以在高大空间冬季气流组织形式设计过程中可以先设计送风口面积，再设计送风口偏转角度。

2. 送风速度和送风口面积对室内流场影响解耦

非等温射流轴心风速的衰减规律可表示为[11]

$$\frac{V_x}{V_o}=\frac{0.48}{\dfrac{ax}{d_o}+0.145}\left[1+1.9\frac{\alpha}{\dfrac{0.48}{a}}Ar\left(\frac{x}{d_o}\right)^2\right]^{\frac{1}{3}} \tag{5.9}$$

式中，a 为送风口无量纲紊流系数；V_x 为以极点为起点至所计算断面距离 x 处的射流轴心风速，m/s；x 为以极点为起点至计算断面的距离，m；α 为空气热膨胀系数。

当送风量一定时，圆形喷口直径和送风速度满足以下关系：

$$Q=\frac{\pi d_o^2 V_o}{4} \tag{5.10}$$

式中，Q 为送风口的总流量，m^3/s。

将式(5.9)和式(5.10)合并，消去后 d_o 得到

$$V_x = \frac{0.48}{\dfrac{ax}{2\left(\dfrac{Q}{\pi}\right)^{\frac{1}{2}} V_o^{\frac{1}{2}}} + 0.145} \left[V_o^3 + 1.9 \frac{\alpha}{\dfrac{0.48}{a}} Ar \left(\frac{xV_o}{2\left(\dfrac{Q}{\pi}\right)^{\frac{1}{2}}} \right)^2 \right]^{\frac{1}{3}} \tag{5.11}$$

由式(5.11)可知，射流轴心风速 V_x 随着送风速度 V_o 的递增而单调递增。因此，在进行气流组织设计过程中，可以通过单独设计送风速度来设计气流组织。

将式(5.9)和式(5.10)合并，消去 V_o 后得到

$$V_x = \frac{1.92Q}{ax\pi d_o + 0.145\pi d_0^2} \left[1 + 1.9 \frac{\alpha}{\dfrac{0.48}{a}} Ar \left(\frac{x}{d_o} \right)^2 \right]^{\frac{1}{3}} \tag{5.12}$$

在送风口总风量一定的情况下，射流轴心风速 V_x 随着送风口面积的递增而单调递减。因此，在进行气流组织的设计过程中，可以通过单独设计送风口面积来设计气流组织。

以上分析表明，射流轴心风速随着送风口面积单调变化，下面研究送风速度和送风口面积对室内流场影响的耦合关系。这里选取直径为 0.3m 的送风口，在五种不同送风速度的工况下进行模拟计算，用于比较在相同送风口面积、不同送风速度情况下射流无量纲风速随射流水平距离的变化。

如图 5.11 所示，在 12m 范围内同一送风口面积下五种不同送风速度的射流轴心风速随射流水平距离的变化基本相同。为了定量描述不同送风速度下射流无量纲风速沿水平距离的变化，以送风速度为 8m/s 作为基准工况，对送风速度为 8m/s、9m/s、10m/s、11m/s、12m/s 时的射流无量纲风速进行比较，送风速度为 9m/s、10m/s、11m/s、12m/s 时的射流无量纲风速和送风速度为 8m/s 时的射流无量纲风速之间的偏差分别为 $\delta_9=0.14$、$\delta_{10}=0.07$、$\delta_{11}=0.01$、$\delta_{12}=0.08$。在送风速度变化的情况下，相同送风口面积但不同送风速度所形成的室内流场基本相

同。由此可知，送风速度和送风口面积对室内流场的影响是互相独立的。在气流组织的设计过程中，可以先设计对室内流场影响较大的参数，然后设计对室内流场影响较小的参数。

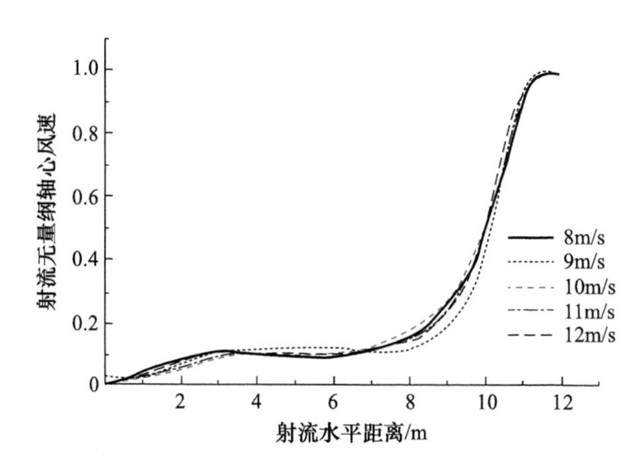

图 5.11　不同送风速度下射流无量纲轴心风速随射流水平距离的变化

3. 送风速度和送风温度对室内流场影响解耦

根据动量传递和能量传递的类比关系可知，在非等温自由射流中，射流轴心温度衰减和射流轴心风速衰减规律相似，即

$$\frac{\Delta t_x}{\Delta t_o}=0.73\frac{V_x}{V_o} \tag{5.13}$$

式中，$\Delta t_x=t_x-t_n$，℃；$\Delta t_o=t_o-t_n$，℃；t_o 为送风温度，℃；t_n 为周围空气温度，℃；t_x 为距送风口 x 处射流轴心温度，℃。

下面研究送风速度和送风温度对室内流场影响的耦合关系。这里选取送风速度 1.78m/s，在四种不同送风温度的工况下进行模拟计算，用于比较在相同送风速度、不同送风温度情况下射流无量纲风速随射流水平距离的变化。

如图 5.12 所示，在 12m 范围内同一送风速度下四种不同送风温度的射流轴心风速基本相同。为了定量地描述不同送风温度下射流无量纲风速沿水平距离的变化，以送风温度为 24℃作为基准工况，对送风温度为 24℃、25℃、26℃、27℃时的射流无量纲风速进行比较，送风温度为 25℃、26℃、27℃时的射流无量纲风速和送风温度为 24℃时的射流无量纲风速之间的偏差分别为 $\delta_{25}=0.2$、$\delta_{26}=0.03$、$\delta_{27}=0.13$。因此，送风温度对室内流场的影响可以忽略，在气流组织设计过程中，可以先设计送风速度，再设计送风温度。

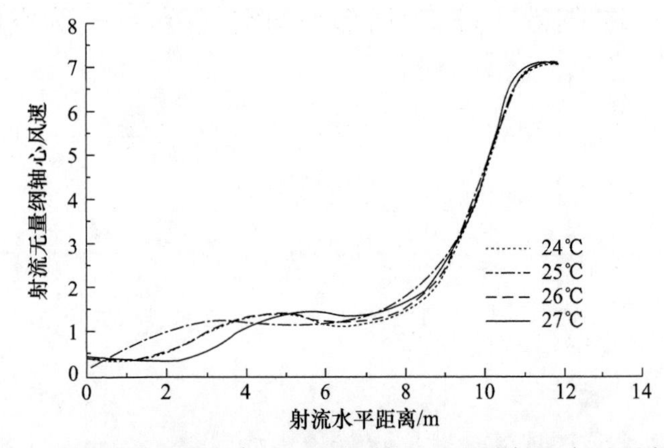

图 5.12　不同送风温度下射流无量纲轴心风速随射流水平距离的变化

本节分析结果表明射流轴心风速随着射流角度的增加而单调递增，射流轴心风速随着送风速度的增加而单调递减，射流轴心温度扩散和射流轴心风速扩散相似，并且在冬季工况下各因素对室内流场的影响相互独立。因此，通过改变送风口偏转角度、送风速度、送风温度可以改善室内流场。

5.2.3　正交试验

为了形成预期的室内流场，对送风口偏转角度、送风速度、送风温度和送风口面积进行设计。在定风量工况下，因为送风口面积和送风速度对室内流场的影响是具有耦合关系的，所以以风速靶向值为评价指标，通过正交试验对送风口偏转角度、送风速度和送风温度对高大空间室内气流的影响程度进行研究。

如表 5.4 所示，送风温度 t_0 的三个水平分别是 20℃、21℃、22℃；送

风口偏转角度 β 的三个水平分别是 2°、8°、14°；送风速度 V_o 的三个水平分别是 7.08m/s、9.63m/s、13.87 m/s。

表 5.4　正交试验的因素水平表

水平	因素		
	送风温度 t_o/℃	送风口偏转角度 β/(°)	送风速度 V_o/(m/s)
1	20	2	7.08
2	21	8	9.63
3	22	14	13.87

通过选取 $L_9(3^4)$ 正交表得到 9 组方案，以风速靶向值为评价指标，通过数值模拟计算 9 种方案的风速靶向值，如表 5.5 所示。

表 5.5　正交试验结果

水平	因素			风速靶向值
	送风温度 t_o/℃	送风口偏转角度 β/(°)	送风速度 V_o/(m/s)	
1	20	2	7.08	0.145
2	20	8	13.87	0.268
3	20	14	9.63	0.239
4	21	2	9.63	0.156
5	21	8	7.08	0.154
6	21	14	13.87	0.275
7	22	2	13.87	0.167
8	22	8	9.63	0.198
9	22	14	7.08	0.202

计算送风温度 t_o、送风口偏转角度 β、送风速度 V_o 的风速靶向值的极差，分析各因素对室内流场的影响程度大小，如表 5.6 所示。各因素对室内流场影响的主次顺序为送风口偏转角度 β>送风速度 V_o>送风温度 t_o，即送风口偏转角度 β 对室内流场的影响最大。

极差分析是正交试验的一种典型的用来确定影响因素大小的统计方法。R_j 表示了第 j 列因素的最大平均水平值和最小平均水平值的差。极差 R_j 越大，表示该因素对试验误差的影响越大。极差的计算公式为

$$R_j = \max(k_{1j}, k_{2j}, \cdots, k_{ij}) - \min(k_{1j}, k_{2j}, \cdots, k_{ij}), \quad i = 1, 2, \cdots, n \tag{5.14}$$

式中，k_i 为某一因素的 i 水平下的所以风速靶向值的平均值；k_{ij} 为第 j 列因素的 i 水平的所以风速靶向值的平均值；n 为正交试验中的水平个数。

表 5.6 正交试验结果分析

水平	不同因素下的风速靶向值		
	送风温度 t_o	送风口偏转角度 β	送风速度 V_o
K_1	0.652	0.468	0.501
K_2	0.585	0.62	0.593
K_3	0.567	0.716	0.71
k_1	0.217	0.156	0.167
k_2	0.195	0.207	0.198
k_3	0.189	0.239	0.237
极差	0.028	0.083	0.07

注：$K_i(i=1,2,3)$为某一因素的 i 水平下的所有风速靶向值的和；$k_i(i=1,2,3)$为某一因素的 i 水平下的所有风速靶向值的平均值。

本节采用正交试验分析了送风口偏转角度、送风速度和送风温度对室内流场的影响程度，分析结果表明送风口偏转角度对室内流场的影响最大，其次是送风速度，最后是送风温度。因此，在气流组织设计过程中，可以采用依次设计送风口偏转角度、送风速度、送风温度的方法改善室内流场。

5.2.4 气流组织的靶向值设计方法及案例

为了对本节提出的气流组织设计方法进一步说明，选取一栋典型的工业建筑，在冬季工况下设计气流组织。在气流组织设计过程中，选取高大空间中常用的分层空调的气流组织形式。通过传统设计计算获得相应气流组织设计参数：送风口面积 0.07m^2，送风速度 9m/s，送风温度 26℃，送风口高度 5.29m，送风口偏转角度 0°。在送风口各参数不变的情况下采用靶向值设计方法对气流组织进行二次设计，二次设计过程为：

(1) 先进行送风口偏转角度设计。在冬季气流组织形式下 $t_o>t_n$，则 $Ar>0$，射流向上弯曲，而工作区位于室内下部，因此送风口偏转角度应该向下偏转。在送风口偏转角度 0°～15°范围内，每 2°设置一个工况，利用靶向值作为评价指标对送风口偏转角度进行分析。

送风口偏转角度设计过程中工作区风速靶向值的变化情况如图 5.13 所示。随着送风口偏转角度的向下增加,工作区风速靶向值整体呈现出先降低再增加的趋势。风速靶向值在送风口偏转角度变化过程中出现最小值时对应的送风口偏转角度即为最优送风口偏转角度,此时室内流场的均匀性和热舒适性最接近设计要求。由图 5.13 可知,当送风口偏转角度为 2°时,最小风速靶向值为 0.146。

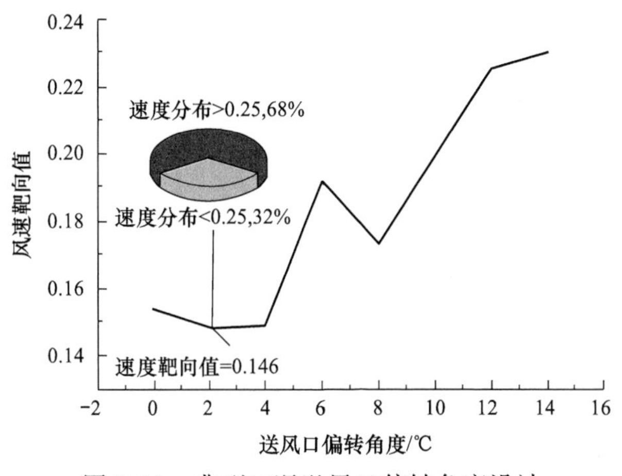

图 5.13 典型工况送风口偏转角度设计

(2) 室内流场在风速靶向值达到最小的情况下,工作区速度场 68% 的风速大于设计风速,因此,在送风速度的设计过程中,应降低送风速度,取送风速度范围为 5～11m/s。如图 5.14 所示,送风速度在 5～11m/s 范围内进行变化时,随着送风速度的增加,工作区风速靶向值先减小后增大,风速靶向值在送风速度变化过程中出现最小值时对应的送风速度即为最优送风速度。由图 5.14 可以看出,当送风速度为 7m/s 时,最小风速靶向值为 0.139。

(3) 在送风速度达到最优之后,虽然室内流场均匀性和舒适性已经达到最优,但是工作区温度场 100% 的温度大于设计温度,因此在设计送风温度时,应降低送风温度,取送风温度范围为,17～23℃。如图 5.15 所示,送风温度在 17～23℃范围内进行变化时,随着送风温度的增加，工作区温度靶向值先减小后增大，温度靶向值在送风温度变化过程中出现最小值时对应的送风温度即为最优送风温度。由图 5.15 可以看出，当送风温度为 19℃时，最小温度靶向值为 4.91。

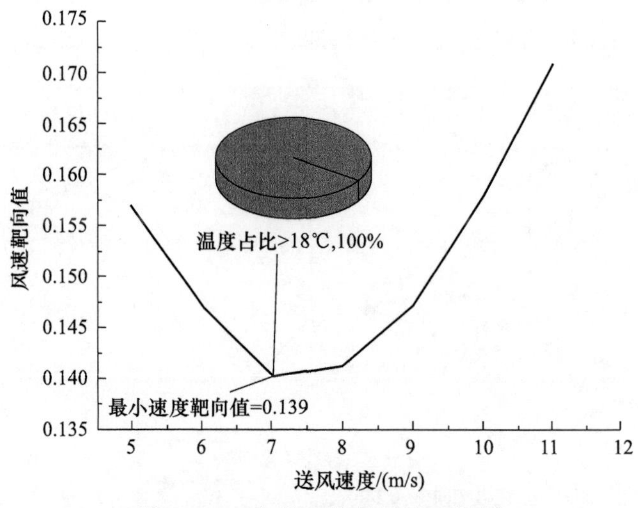

图 5.14 典型工况送风速度设计

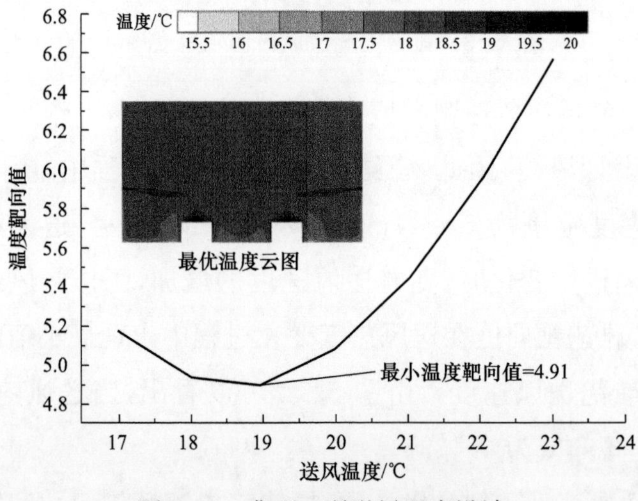

图 5.15 典型工况送风温度设计

以上通过对高大空间的分层空调气流组织形式进行优化设计，依次设计送风口偏转角度、送风速度、送风温度，得到在送风口偏转角度为 2°、送风速度为 7m/s、送风温度为 19℃时，室内流场达到最优。

参 考 文 献

[1] 吕伟，邬守春. 室内空气品质问题综述[J]. 洁净与空调技术，2000，3：16-20.

[2] Yang B, Melikov A K, Kabanshi A, et al. A review of advanced air distribution methods-theory, practice, limitations and solutions [J]. Energy and Buildings, 2019,202:109359.

[3] Rostamnejad H, Zare V. Performance improvement of ejector expansion refrigeration cycles employing a booster compressor using different refrigerants: Thermodynamic analysis and optimization[J]. International Journal of Refrigeration, 2019, 101:56-70.

[4] Cheng Y, Zhang S, Huan C, et al. Optimization on fresh outdoor air ratio of air conditioning system with stratum ventilation for both targeted indoor air quality and maximal energy saving[J]. Building and Environment, 2019, 147:11-22.

[5] Fang L, Wyon D P, Clausen G, et al. Impact of indoor air temperature and humidity in an office on perceived air quality, SBS symptoms and performance[J]. Indoor Air, 2010, 14(s7):74-81.

[6] Laverge J, Bossche N V D, Heijmans N, et al. Energy saving potential and repercussions on indoor air quality of demand controlled residential ventilation strategies[J]. Building and Environment, 2011, 46(7):1497-1503.

[7] Wyon D P. The effects of indoor air quality on performance and productivity[J]. Indoor Air, 2010, 14(s7):92-101.

[8] Gao R, Zhang H C, Li A G, et al. A new evaluation indicator of air distribution in buildings[J]. Sustainable Cities and Society, 2019, 53:101836.

[9] Zhou P, Huang G S, Zhang L F, et al. Wireless sensor network based monitoring system for a large-scale indoor space: Data process and supply air allocation optimization[J]. Energy and Buildings, 2015, 103:365-374.

[10] Margason R J. Fifty years of jet in cros flow research[J]. Computational and Experimental Assessment of Jets in Cross Flow, 1993:10:19-22.

[11] 赵荣义. 空气调节[M]. 第 4 版. 北京：中国建筑工业出版社，2009.

6　局部通风气流组织形式的靶向送风末端

在冶金、建材、化工、纺织、造纸等工业生产中，生产设备会在车间局部区域产生大量的余热、余湿、粉尘和有害气体等工业有害物。如果不对这些有害物质加以控制，将会危及工作人员的身体健康，也会影响正常生产。但对于一些面积大、工作人员数量少且位置相对固定的场合，不需要对整个建筑空间进行通风换气，且全面通风无法达到排除污染空气的效果。因此，局部通风技术应运而生，其与全面通风的区别是只对人员工作的地点进行通风换气。从建筑空间的宏观角度来看，局部通风是一个"点"或一条"线"的概念。对于工作区而言，局部通风保障的是部分工作区域。与全面通风相比，局部通风保障的区域面积更小，能够节省设备的初投资和运行费用。因此，在条件允许的情况下，应优先采用局部通风。本章通过研究局部通风气流组织形式的设置和优化问题，论述了局部通风气流组织形式的评价和优化过程，特别介绍了形成所需气流组织形式的靶向送风末端。

6.1　人员密集场所护栏靶向送风末端

6.1.1　护栏靶向送风末端

随着我国经济的飞速发展和城市化进程的推进，城市人口密度越来越大。在诸如机场、火车站、客运站等交通枢纽的建筑中，人员尤其密集。据统计，2019 年我国旅客运输量为 176 亿人，其中铁路旅客发送量 36.6 亿人，公路旅客发送量为 130 亿人。如果将人体看作热源，一个成年人在机场、车站等排队等候区可释放出 142W/m^2 的总热量[1,2]。人体呼吸系统能够释放 149 种化学物质，这些物质会产生各种毒副作用[3]。良好的通风空调系统能有效降低污染物的浓度，确保人员身心健康。因此，在机场、火车站、客运站等人员密集场所内，利用空调系统保障室内空气品质至关重要。

机场、火车站、客运站等人员密集场所多为高大空间建筑，空调负荷大。气流在高大空间的垂直方向上存在明显的分层现象，当污染物同时作为热源时，污染物将从建筑下部区域传输到上部区域，形成一个干净的下部区域和一个“受污染的”上部区域[4]。由于热分层效应，在下部区域出现闭锁现象，导致在室内的特定高度处形成高浓度污染物聚集，对人员健康造成了极大威胁[5]。目前人员密集场所多采用集中式空调系统，将风口布置在房间顶部，以混合通风的方式向室内送风。一方面，为了使在混合通风的气流组织形式下射流能够到达工作区，风口的送风速度通常较大，造成了强烈的吹风感，且能耗较大。另一方面，该混合通风将新鲜空气与室内污浊的空气混合，室内的污染物浓度无法稀释到有害浓度以下。而理想的气流组织形式应能将新鲜空气输送到工作区，并防止人员处于污浊的热环境中，提高室内的换气效率[6]。因此，机场、火车站、客运站等人员密集场所需要一种既能改善室内环境，又能降低空调系统能耗的气流组织形式。

气流组织形式的技术革新与送风口形式息息相关。旋流风口送风是利用叶片旋转实现更大的送风面积[7,8]；座椅送风是将送风口与人员的座椅相结合[9]；柱壁贴附送风结合了置换通风与混合通风的优点，利用射流对柱面的贴附效应进行送风[10～13]；贴附射流加导流板送风是利用导流板实现对呼吸区的可调节式送风，目前应用于鸡舍中引导气流合理流动[14]。这些送风形式均结合了室内空间的内部结构特性，使其在不同建筑中达到较高的通风效率，提高了空气品质。

在此基础上，兼顾实用性、经济性和舒适性的送风气流组织形式成为一种必要选择。

针对机场、火车站、客运站等人员密集的高大空间的气流组织形式主要有分层空调、上送下回、置换通风等。而这些气流组织形式大多基于全面通风,风口到工作区均有一定距离,使得冷(热)空气送达困难,难以满足人员密集场所的环境要求。本节提出了一种护栏靶向送风末端,它能够将护栏与风管一体化。护栏靶向送风末端在售票大厅的布置如图 6.1 所示,经空调机组处理后的新鲜空气通过护栏靶向送风末端输送到售票大厅。如图 6.2 所示,护栏靶向送风末端仅对下部空间进行空气调节,直接将处理过的冷/暖风送至室内 2m 以下工作区,降低整个空调系统的冷负荷,从而可以减少空调设备。护栏靶向送风末端以具有防火性能的纤维布为材料,通过常规清洁可以很容易地去除表面积聚的灰尘和微生物[15]。空气通过护栏靶向送风末端送入人员密集场所,实现分层空调[16,17]、置换通风[18,19]和个性化送风[20]。空调覆盖区域变小,在技术上解决了高大空间送风难的问题。

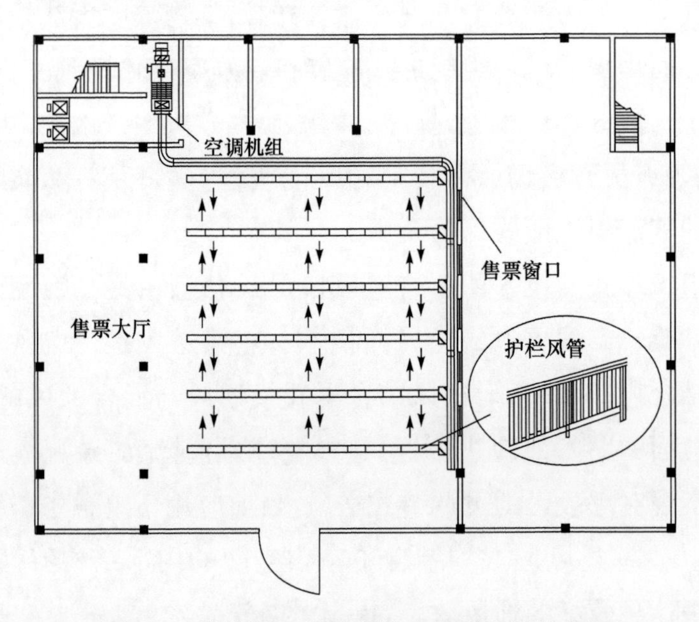

图 6.1　护栏靶向送风末端在售票大厅的布置

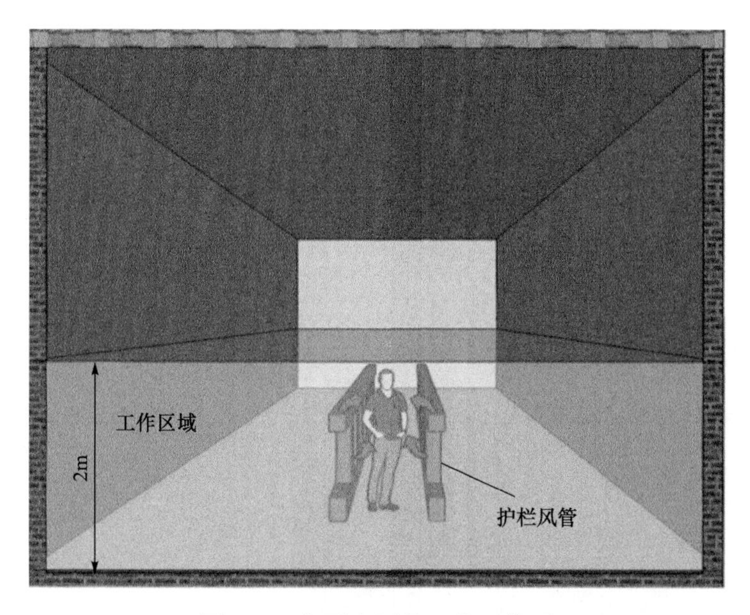

图 6.2　售票大厅的工作区位置

此外,淡季时机场、火车站、客运站的乘客数量少,可以调整护栏靶向送风末端的数量,减少送风量以降低空调负荷。从热舒适的角度来看,护栏靶向送风气流组织形式可以营造干净、无吹风感且温度均匀的室内环境;从经济性的角度来看,它既减少了初投资,又降低了能耗。

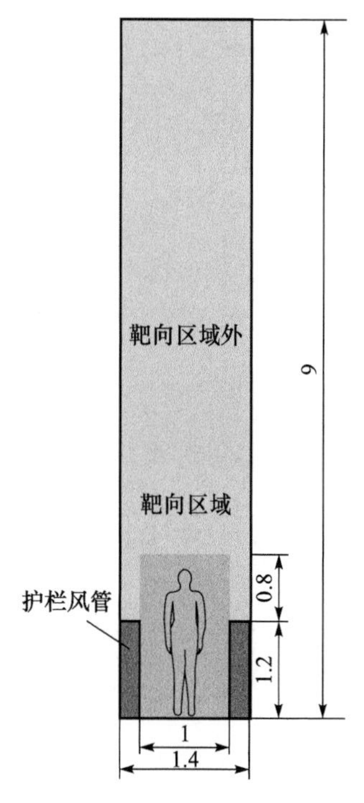

图 6.3　个性化靶向送风示意图(单位:m)

为使人员密集场所获得预期的室内流场,应准确优化护栏靶向送风末端的装置参数。如图 6.3 所示,本节将个性化靶向送风概念引入到评价送风有效性中,为了进一步实现个性化靶向送风,应尽量使靶向工作区域外无风,靶向工作区域内有风,区域内风速一致且分布均匀,如 0.3m/s。

图 6.4 为护栏靶向送风末端的送风系统

模型。设计护栏的模型尺寸为 2m×0.2m×1.2m。在护栏的水平面上有 10 个半径为 1cm 的圆形孔口，侧面有三个条缝形风口，其间隔宽度为 240～320mm。

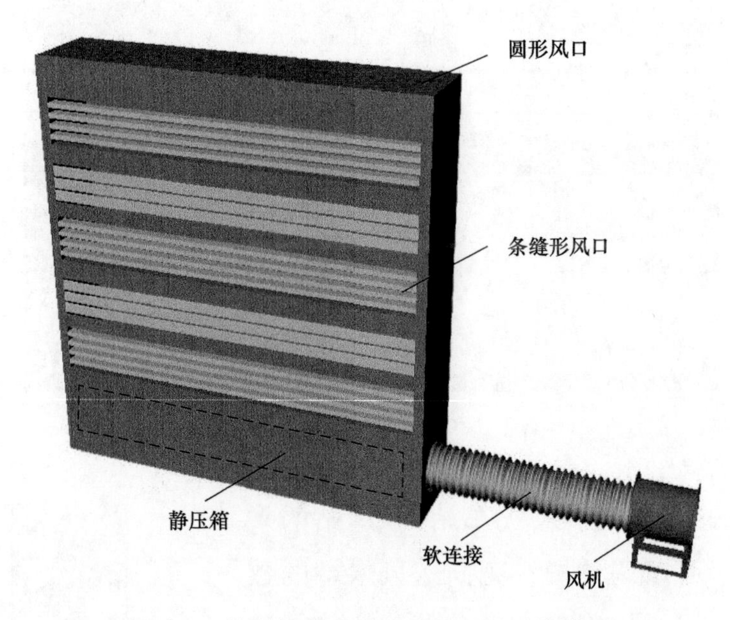

图 6.4　护栏靶向送风末端的送风系统模型

如图 6.4 所示，护栏靶向送风末端的送风系统模型由风机、软连接和静压箱等部分组成。为实现均匀出风，在护栏底部设置静压箱，将其置于护栏内部并直接与风机软连接起来。为调节条缝形风口宽度，将护栏内部送风截面按宽度平分并密封。

6.1.2　护栏靶向送风气流组织参数的优化

本节选取了圆形风口送风速度 V_1、条缝形风口送风速度 V_2、非送风区域的条缝宽度 W 为主要因素。如表 6.1 所示，圆形风口送风速度 V_1 的三个水平分别为 0.5m/s、1.5m/s、2.5m/s；条缝形风口送风速度 V_2 的三个水平分别为 0.1m/s、0.3m/s、0.5m/s；非送风区域的条缝宽度 W 水平分别为 240mm、280mm、320mm。

表 6.1 正交试验的因素和水平

水平	因素		
	圆形风口送风速度 V_1/(m/s)	条缝形风口送风速度 V_2/(m/s)	非送风区域的条缝宽度 W/(mm)
1	0.5	0.1	240
2	1.5	0.3	280
3	2.5	0.5	320

通过选取 $L_9(3^4)$正交表得到 9 组试验方案，将选取的三个因素及其水平值表示在立方体的三个边长中，圆点代表所选方案，共有 9 个试验点(圆点)，分别代表 9 组方案，这 9 个试验点在立方体中均衡分布，如图 6.5 所示。立方体的每个平面上都有 3 个试验点，每条线上也恰有 1 个试验点，9 个试验点均衡地分布于整个立方体内，能够比较全面地反映该正交试验的基本情况[21]。本节以风速靶向值为评价指标，由数值模拟的计算结果得出各因素对室内流场的影响程度，并初步获得各因素的较优取值范围和对室内流场的影响程度。

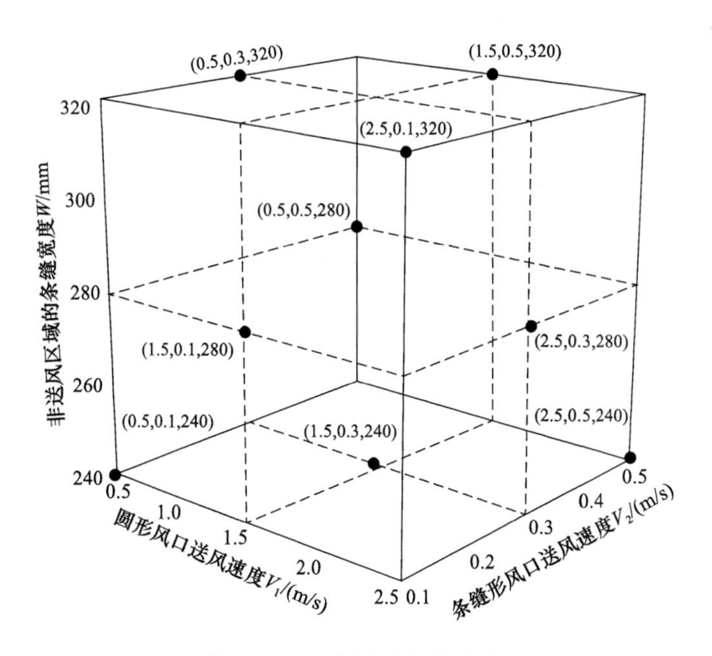

图 6.5 正交试验点的分布

以风速靶向值为评价指标，通过数值模拟计算 9 种方案的风速靶向值，如表 6.2 所示。

表 6.2 正交试验结果

水平	因素			风速靶向值
	圆形风口送风速度 V_1/(m/s)	条缝形风口送风速度 V_2/(m/s)	非送风区域的条缝宽度 W/(mm)	
1	0.5	0.1	240	0.11911
2	0.5	0.3	320	0.16705
3	0.5	0.5	280	0.36761
4	1.5	0.1	280	0.12496
5	1.5	0.3	240	0.21342
6	1.5	0.5	320	0.32093
7	2.5	0.1	320	0.14307
8	2.5	0.3	280	0.19583
9	2.5	0.5	240	0.41284

通过式(5.14)计算圆形风口送风速度 V_1、条缝形风口送风速度 V_2、非送风区域的条缝宽度 W 的风速靶向值的极差，分析各因素对护栏送风气流组织的影响程度，如表 6.3 和图 6.6 所示。各因素对护栏送风气流组织影响的主次顺序为条缝形风口送风速度 V_2＞非送风区域的条缝宽度W＞圆形风口送风速度 V_1，即条缝形风口送风速度 V_2 对护栏送风气流组织形式的影响最大，护栏送风气流组织形式的最优参数组合 $V_1=0.5\text{m/s}$，$V_2=0.1\text{m/s}$，$W=320\text{mm}$。

表 6.3 正交试验结果分析

水平	不同因素下的风速靶向值		
	圆形风口送风速度 V_1	条缝形风口送风速度 V_2	非送风区域的条缝宽度 W
K_1	0.65377	0.38714	0.74537
K_2	0.65930	0.57629	0.68840
K_3	0.75173	1.10138	0.63104
k_1	0.21792	0.12905	0.24846
k_2	0.21977	0.19210	0.22947
k_3	0.25058	0.36713	0.21035
极差	0.03265	0.23808	0.03811

注：K_i(i=1,2,3)为某一因素的 i 水平下的所有风速靶向值的和；k_i(i=1,2,3)为某一因素的 i 水平下的所有风速靶向值的平均值。

以风速靶向值为评价指标，通过正交试验获得护栏靶向送风气流组织形式的各个参数。正交试验的分析结果显示，各因素的极差值相差过大，是由于所选因素的水平值相差过大所致。为了得到更为准确的因素水平值，达到优化的目的，应再次细化其取值范围[22~24]。

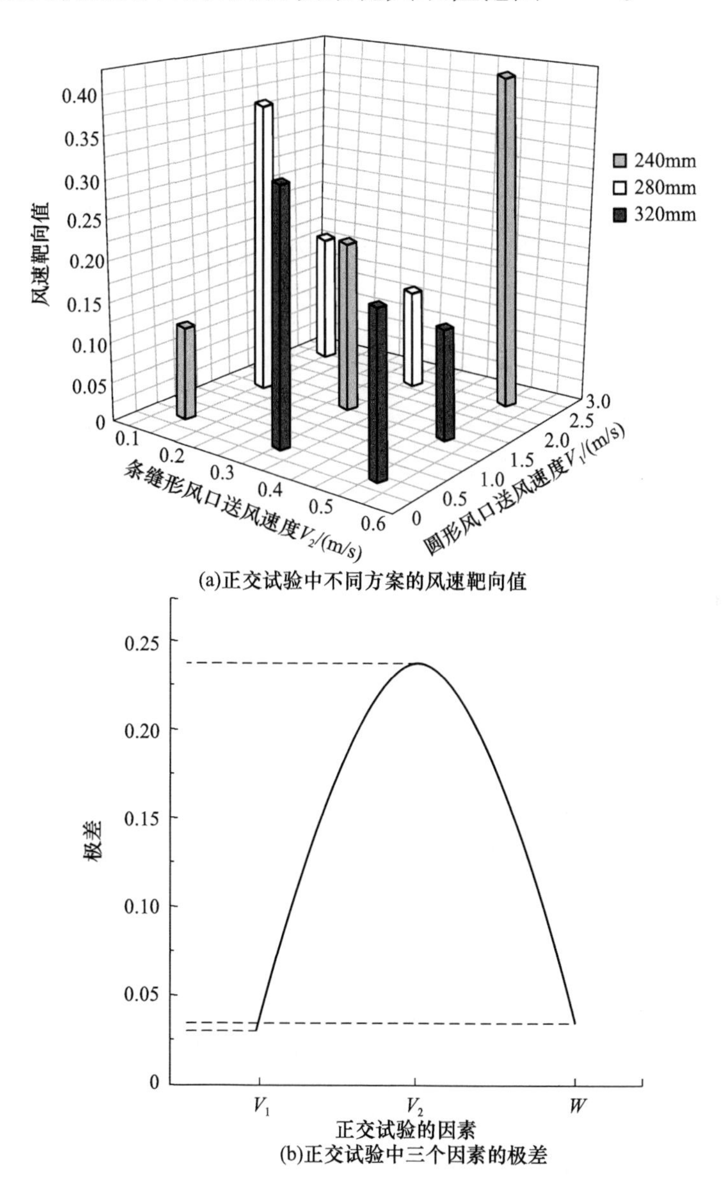

图 6.6　护栏靶向送风气流组织形式的正交试验结果

V_1. 圆形风口送风速度；V_2. 条缝形风口送风速度；W. 非送风区域的条缝宽度

1）条缝形风口送风速度 V_2 的优化

由正交试验可知，条缝形风口送风速度 V_2 对靶向值的影响最大。首先对条缝形风口送风速度 V_2 进行优化。优化过程中保持圆形风口送风速度 $V_1=0.5$m/s 不变，考虑 0.1m/s、0.15m/s、0.2m/s、0.25m/s、0.30m/s 五种送风速度形式，得出条缝形风口送风速度 V_2 为 0.15m/s 时的风速靶向值最小。

2）非送风区域的条缝宽度 W 的优化

为满足人员皮肤不同部位的冷、热需求，避免过冷、过热给人带来吹风的烦扰感、压力感、黏湿感等，对非送风区域的条缝宽度进行优化。保持条缝形风口送风速度 $V_2=0.15$m/s 不变，考虑 270mm、280mm、290mm、320mm、330mm 五种条缝宽度，得出非送风区域的条缝宽度为 290mm 时的风速靶向值最小。

3）圆形风口送风速度 V_1 的优化

在保持条缝形风口送风速度 V_2 为 0.15m/s、非送风区域的条缝宽度 W 为 290mm 不变的条件下，对圆形风口送风速度 V_1 进行优化，考虑 0.1m/s、0.25m/s、0.50m/s、0.75m/s、1.0m/s、1.25m/s、1.50m/s 七种送风速度形式，得出圆形风口送风速度 V_1 为 0.25m/s 时的风速靶向值最小。

如图 6.7 所示，随着护栏靶向送风气流组织参数的进一步优化，护栏靶向送风气流组织形式的风速靶向值从大逐渐变小，并存在最小值。该风速靶向值对应的护栏靶向送风气流组织参数即为最优参数，即条缝形风口送风速度 $V_2=0.15$m/s、非送风区域的条缝宽度 $W=290$mm、圆形风口送风速度 $V_1=0.25$m/s。

6.1.3　护栏靶向送风气流组织形式的送风效果对比分析

为进一步验证护栏靶向送风末端气流组织形式的有效性，本节将护栏靶向送风气流组织形式与上送下回、置换通风、竖壁贴附三种气流组织形式进行了对比。如图 6.8 所示，建立一个 20m×13m×9m 高大空间的简化模型，主要从室内流场的均匀性、风速靶向值、空气龄、温度靶向值和能耗等方面来对比研究不同气流组织形式的送风效果。

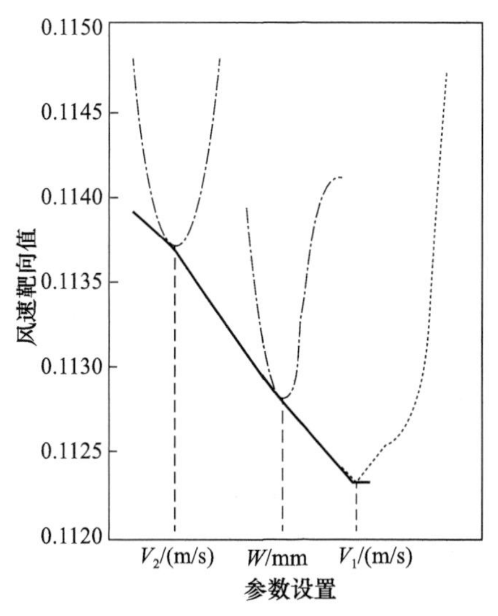

图 6.7 护栏靶向送风气流组织形式的进一步优化

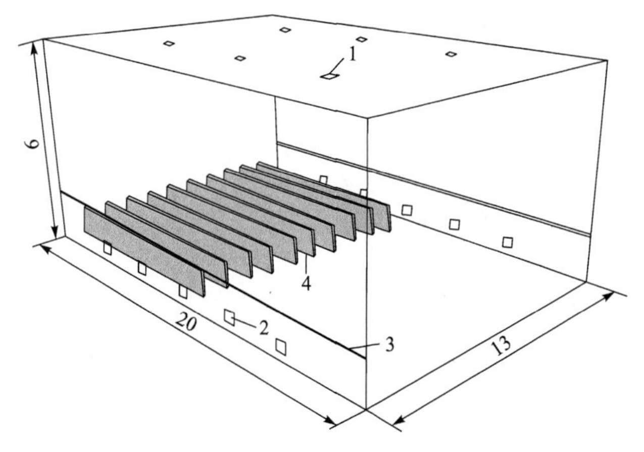

图 6.8 高大空间内的不同气流组织形式模型(单位：m)

1. 上送下回的送风口；2. 置换通风的送风口；

3. 竖壁贴附的送风口；4. 护栏靶向送风末端的送风口

与护栏靶向送风气流组织形式的优化类似，本节将上送下回、置换通风、竖壁贴附这三种常见气流组织形式的送风速度也进行了优化。计算完成时，将从每个气流组织形式获得的数据代入式(4.1)以计算风速靶向值。

如图 6.9 所示，优化的上送下回、置换通风、竖壁贴附气流组织形式仍不能完全覆盖人员工作区域，并且仍然存在室内流场不均匀和局部风速高的问题。而护栏靶向送风气流组织形式的室内流场更加均匀，且风速接近 0.3m/s、吹风感较弱。

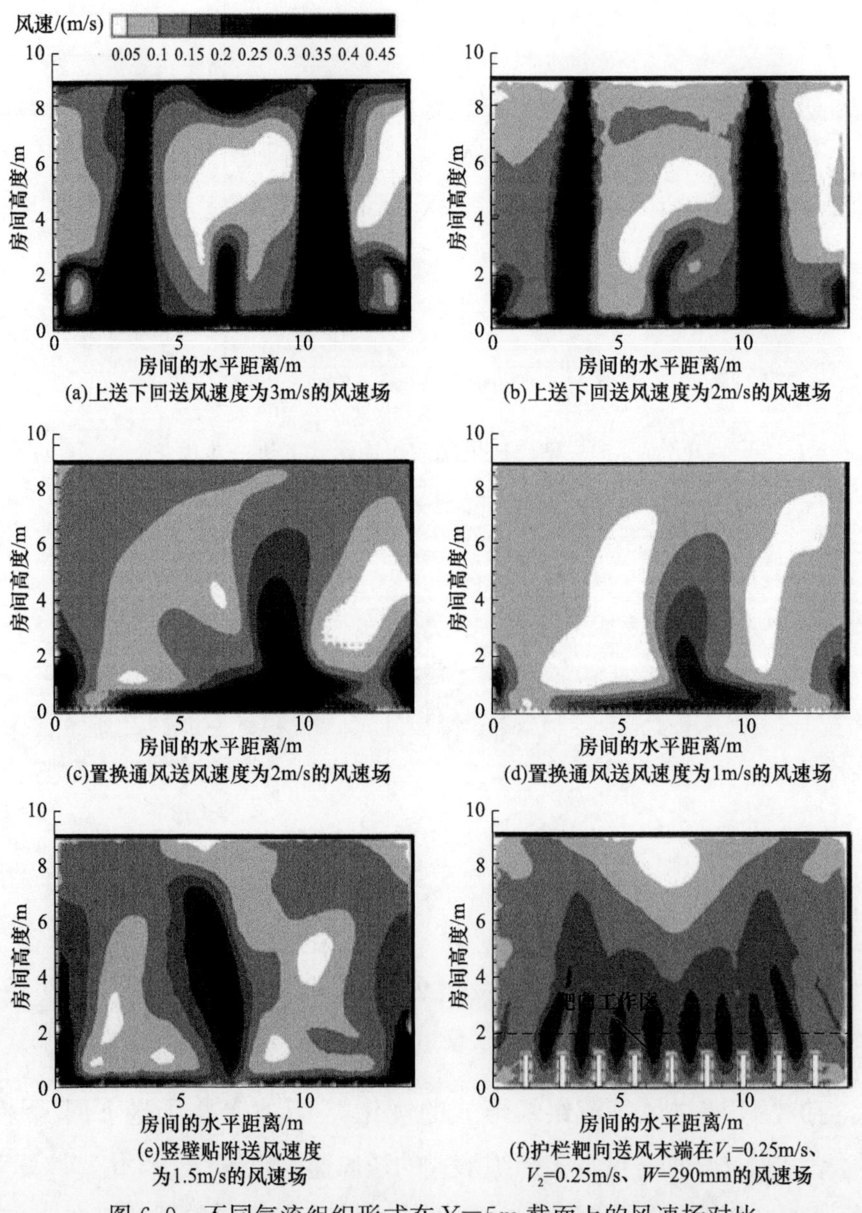

(a)上送下回送风速度为3m/s的风速场

(b)上送下回送风速度为2m/s的风速场

(c)置换通风送风速度为2m/s的风速场

(d)置换通风送风速度为1m/s的风速场

(e)竖壁贴附送风速度为1.5m/s的风速场

(f)护栏靶向送风末端在V_1=0.25m/s、V_2=0.25m/s、W=290mm的风速场

图 6.9　不同气流组织形式在 $Y=5$m 截面上的风速场对比

不同气流组织形式的风速靶向值和空气龄对比如图 6.10 所示。可以看出,护栏靶向送风气流组织形式的风速靶向值最小。护栏靶向送风末端布置在人员工作区域,能直接将新鲜空气供给人员,并确保旧的空气能在较短的时间内从工作区域排出。与上送下回、置换通风、竖壁贴附气流组织形式相比,护栏靶向送风气流组织形式的空气龄更小(小于200s),人员工作区域的空气质量更好。

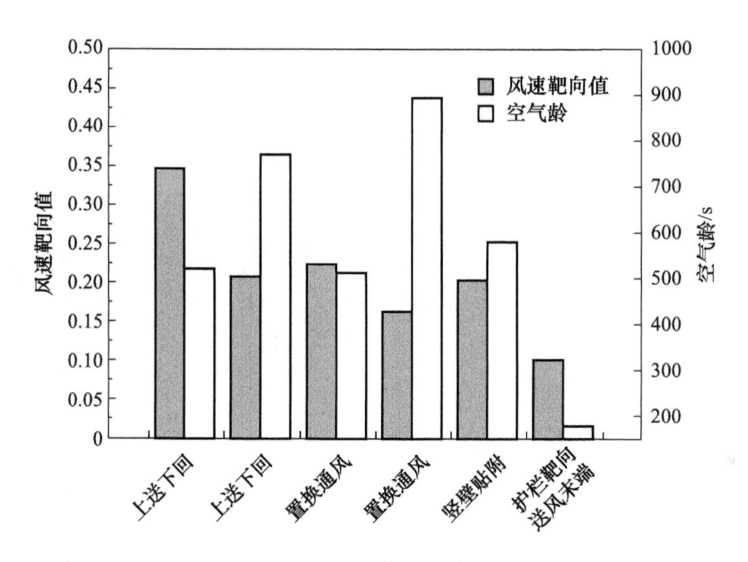

图 6.10 不同气流组织形式的风速靶向值和空气龄对比

下面对比分析了护栏靶向送风气流组织形式的温度场。如图 6.11 所示,相同制冷量下,上送下回、置换通风和竖壁贴附这三种气流组织形式在高大空间内的温度分布不均匀,导致人员排队等候区的制冷效果不理想。然而与上送下回、置换通风和竖壁贴附三种气流组织形式相比,护栏靶向送风气流组织形式使得室内流场的温度随室内高度变化,冷风在房间下部,热风在房间上部,不仅能完全覆盖人员,还能满足人员的热舒适要求。图 6.11 分别为上送下回在 22℃的送风温度下的温度场、置换通风在 23℃的送风温度下的温度场、竖壁贴附在 23℃的送风温度下的温度场以及护栏靶向送风在 25℃的送风温度下的温度场。

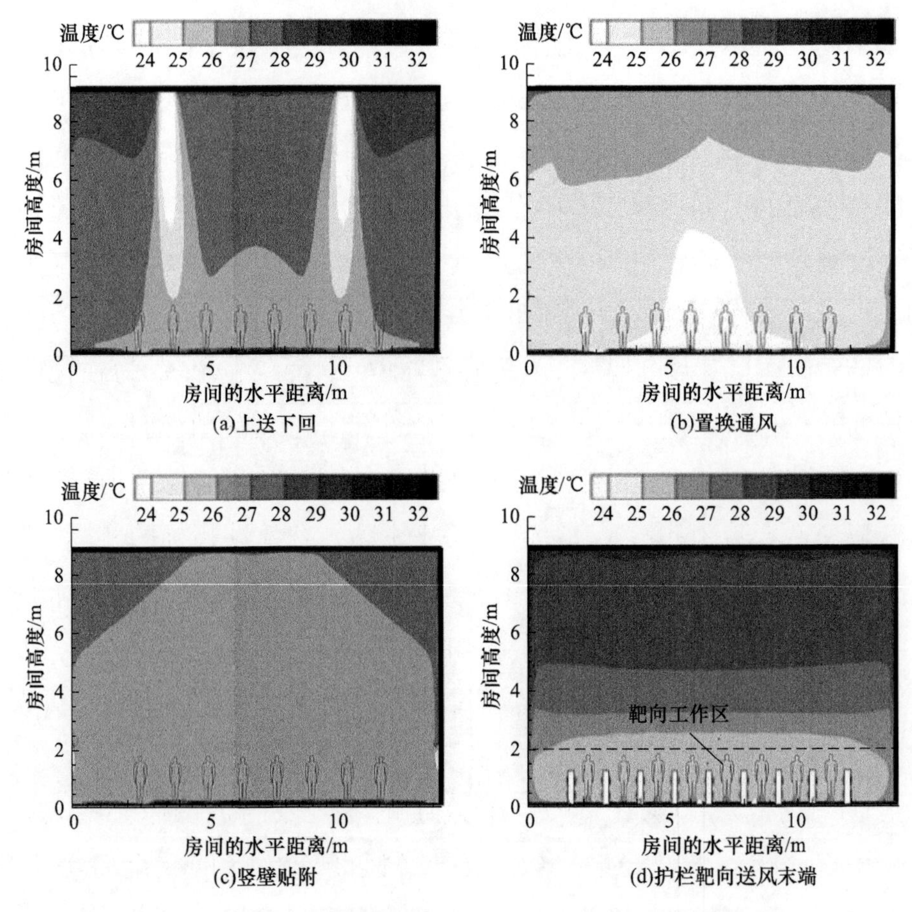

图 6.11　不同气流组织形式在 $Y=5$m 截面的温度场对比

将从气流组织形式获得的数据代入式(4.2)以计算相应的温度靶向值。此外，根据式(6.1)计算出这四种气流组织形式的能耗[25]。能耗计算公式为

$$Q=c\rho VS\Delta t \tag{6.1}$$

式中，c 为空气的比热容，kJ/(kg·℃)，在室内温度为 20℃时 $c=1.013$kJ/(kg·℃)；ρ 为空气的密度，kg/m^3，在室内温度为 20℃时 $\rho=1.205$kg/(m^3·℃)；V 为送风速度，m/s；S 为风口面积，m^2；Δt 为送风温度与室内温度的差值，℃。

图 6.12 显示了不同气流组织形式的温度靶向值和能耗。护栏靶向

送风气流组织形式的温度靶向值最小，其能耗比竖壁贴附的能耗低61%。结果表明，护栏靶向送风气流组织形式不仅可以满足人员的热舒适要求，还可以降低能耗。

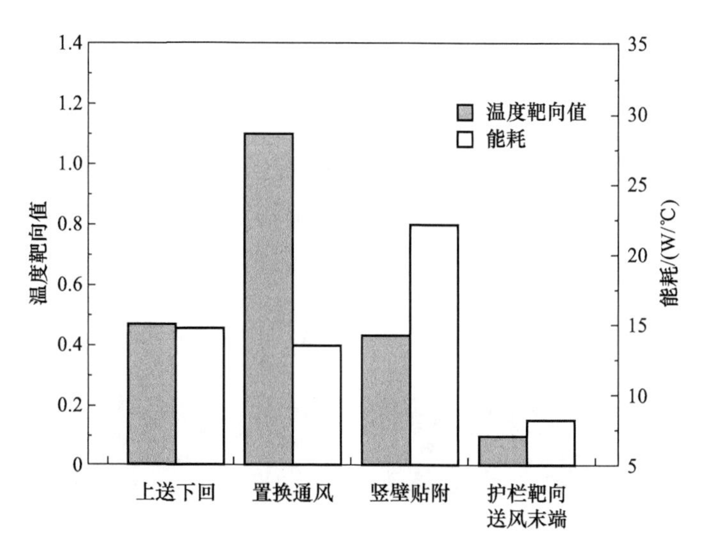

图6.12　不同气流组织形式的温度靶向值和能耗对比

6.2　高大空间局部弥散式护栏靶向送氧末端

6.2.1　护栏靶向送氧末端

高海拔地区的缺氧环境会对人员健康产生一系列负面影响。这一影响以高原反应为代表，严重地制约着高海拔地区旅游业及地方经济发展。高海拔地区的机场、火车站、客运站内有大量的非高海拔地区游客。在此类建筑中，人员的密集会加剧游客的缺氧反应。因此，针对这一类人员密集型场所，人们普遍采用弥散式供氧及空间加压的方式改善室内氧环境。

对于机场、火车站、客运站这类人员密集的高大空间，目前常见的气流组织形式多基于全面通风原理，如置换通风[26,27]、分层空调[28,29]、层式通风[30,31]等。为确保人员热舒适,传统气流组织形式的工作区域为0～2m,而氧气气流组织形式的工作区域为地面至人员鼻子高度(约距地面1.40～1.70m)。如图6.13所示,传统气流组织形式的送风口距离人员太远且送风射程不足,能有效输送新鲜空气的气流组织形式可能不适用于输送富氧空气。因此,需要一种可以直接将富氧空气输送到人员呼吸区的局部通风气流组织形式。

图6.13　传统气流组织形式的风口位置

为减少不必要的氧气消耗,本节提出靶向送氧的概念,即通过护栏靶向送氧末端为人员的呼吸区域提供氧气。如图6.14所示,带状区域表示供氧的靶向区域。若将氧气输送到非靶向区域,则视为无效供氧。若只将富氧空气输送到靶向区域,人员吸入的氧气浓度就可以增加到所需水平,即做到了有效供氧。以此方式向人员所在的室内输送氧气,减少了不必要的氧气浪费,可以有效降低成本。

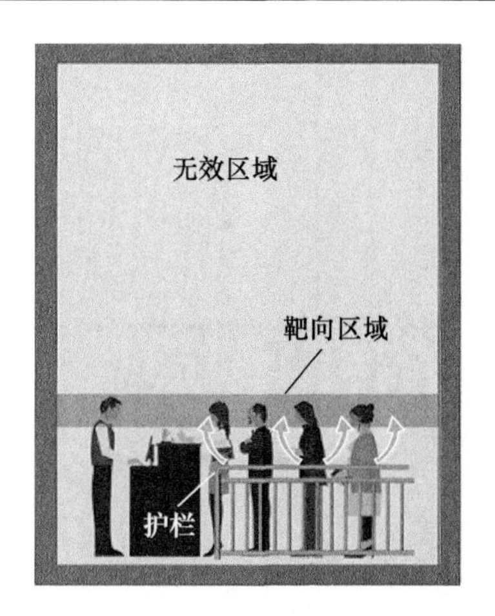

图 6.14　人们排队等候时靶向呼吸区的位置

靶向呼吸区的位置与人员的身高和面部形态密切相关。另外，当人员站在护栏旁时会产生一定摆动，例如摇头、点头、旋转、伸展和弯腰等。因此，本节进一步研究了人员的动态靶向呼吸区。

基于《中国成年人人体尺寸》(GB 10000—88)[32]中人体身高中位数，本节选取一个身高为 175cm 的成年男性作为目标人群代表，令他戴口罩站在两个护栏之间。在其面前(两个护栏之间的中心线位置)放置一个分辨率为 1280×720 的摄像机，通过摄像机连续拍摄 10min 的图像，并剔除无效的照片(例如突然摔倒、弯腰等)。将最后选择的 1200 张照片合成，通过绘制图像中口罩的边界，获得动态靶向呼吸区。如图 6.15 所示，一名中国成年男性(身高 175cm，肩宽 40cm)的动态靶向呼吸区为 30cm×40cm(宽×高)的矩形空间，特定坐标位置为 $Z=1.4\sim1.7$m，$Y=-0.2\sim0.2$m。

本节设计一节护栏的尺寸为 2m×0.2m×1.2m，通过数值模拟得到护栏靶向送氧末端的风口角度在 130°～150°范围内的最佳值。在护栏靶向送氧末端的顶部装有三个宽度为 20～30mm 的条缝形风口。护栏靶向送氧末端由聚甲基丙烯酸甲酯制成，重约 10.3kg，坚固且易于移动。

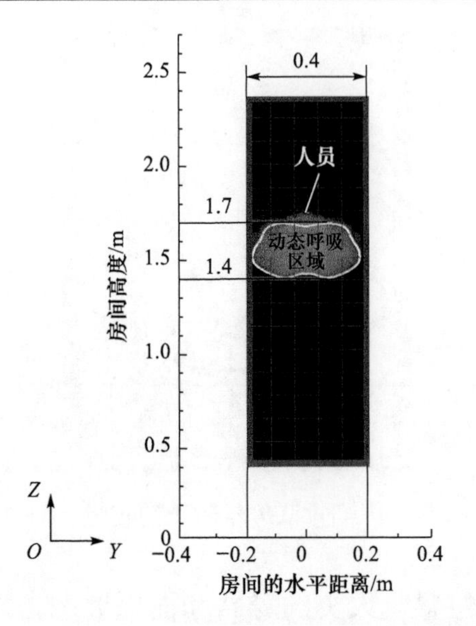

图 6.15　身高 1.75m 的中国成年男性在护栏旁边排队等候时的动态呼吸区

图 6.16 为 1∶1 比例的护栏靶向送氧末端的送氧系统模型示意图。护栏靶向送氧末端的送氧系统由风机、静压箱、氧气瓶、连接管、风管、条缝形风口、电热丝和调压器组成。高压氧气由氧气瓶送出，通过连接管输送至静压箱，在静压箱中与室外空气混合。风机将混合后的富氧气体输送到风管，再通过风管输送至缺氧空间，氧气将通过浓度梯度差扩散到房间。通过调压器和变频器控制风机的压力和风量，来调节氧气的浓度和流量。

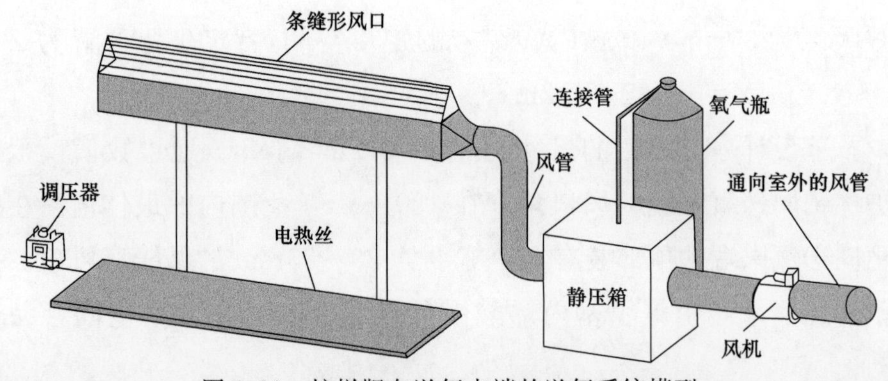

图 6.16　护栏靶向送氧末端的送氧系统模型

护栏靶向送氧末端物理模型的尺寸为 2m×0.2m×1.2m，建筑物理模型的尺寸为 2m×1m×9m。

氧气通过护栏靶向送氧末端的扩散过程不涉及化学反应，因此选择扩散方程即可。设置混合材料时，按照空气与氧气浓度的比例大小进行排列，将浓度较大的气体组分排至最后。

6.2.2 护栏靶向送氧气流组织参数的优化

1. 优化过程

护栏靶向送氧末端通过具有一定倾斜角度的条缝形风口将氧气输送至缺氧空间。为实现期望的氧气浓度场，送风口偏转角度、送风速度和条缝宽度应按照靶向送风原理进行优化。因此，这里以氧气浓度靶向值为评价指标，通过正交试验分析各因素对室内流场中氧气浓度的影响程度，并初步获得各因素的较优取值范围[33,34]。最后在初步优化结果的基础上通过细化各因素的水平取值，确定最佳参数。

选取送风口偏转角度 θ、送风速度 V 和条缝宽度 W 为主要考察因素，选取 $L_9(3^4)$ 标准正交表，得到 9 组试验方案。以氧气浓度靶向值作为评价指标，按表 6.4 的正交试验因素和水平设计 $L_9(3^4)$ 正交试验，数值模拟计算的 9 组试验方案的结果如表 6.5 所示。

表 6.4 正交试验的因素水平表

水平	因素		
	送风口偏转角度 θ/(°)	送风速度 V/(m/s)	条缝宽度 W/(mm)
1	130	0.5	20
2	140	0.8	25
3	150	1.0	30

表 6.5 正交试验结果

水平	因素			氧气浓度靶向值
	送风口偏转角度 θ/(°)	送风速度 V /(m/s)	条缝宽度 W/(mm)	
1	130	0.5	1	130

续表

水平	因素			氧气浓度靶向值
	送风口偏转角度 θ/(°)	送风速度 V/(m/s)	条缝宽度 W/(mm)	
2	130	0.8	2	130
3	130	1.0	3	130
4	140	0.5	4	140
5	140	0.8	5	140
6	140	1.0	6	140
7	150	0.5	7	150
8	150	0.8	8	150
9	150	1.0	9	150

由表 6.6 可知,每一种方案的氧气浓度靶向值大小均不同。通过计算送风口偏转角度 θ、送风速度 V 和条缝宽度 W 的极差,得出三个因素对氧气浓度的影响程度也不同。如图 6.17 所示,送风口偏转角度 θ 的极差最大,条缝宽度 W 的极差略大于送风速度 V,送风速度 V 的极差最小。则影响护栏靶向送氧气流组织形式送氧性能的主要因素的主次顺序为送风口偏转角度 θ>条缝宽度 W>送风速度 V,护栏靶向送氧气流组织参数的最优组合是 $\theta=140°$,$W=30\text{mm}$,$V=0.8\text{m/s}$。

表 6.6　正交试验结果分析

水平	不同因素下的氧气浓度靶向值		
	送风口偏转角度 θ	送风速度 V	条缝宽度 W
T_1	1.05853	0.93830	0.94072
T_2	0.86348	0.92747	0.94869
T_3	0.87789	0.93413	0.91049
t_1	0.35284	0.31277	0.31357
t_2	0.28783	0.30916	0.31623
t_3	0.29263	0.31138	0.30350
极差	0.06501	0.00361	0.01273

注:T_i(i=1,2,3)为某一因素的 i 水平下的所有氧气浓度靶向值的和;t_i(i=1,2,3)为某一因素的 i 水平下的所有氧气浓度靶向值的平均值。

正交试验的分析结果显示,送风口偏转角度 θ 的极差值与条缝宽度 W 和送风速度 V 的极差值相差过大,这可能是由于送风口偏转角度 θ 的所选水平过大所致。因此,为得出更为准确的因素水平值,应在初步获得的优水平组合的基础上再次细化因素的水平取值范围,获得最优试验方案。

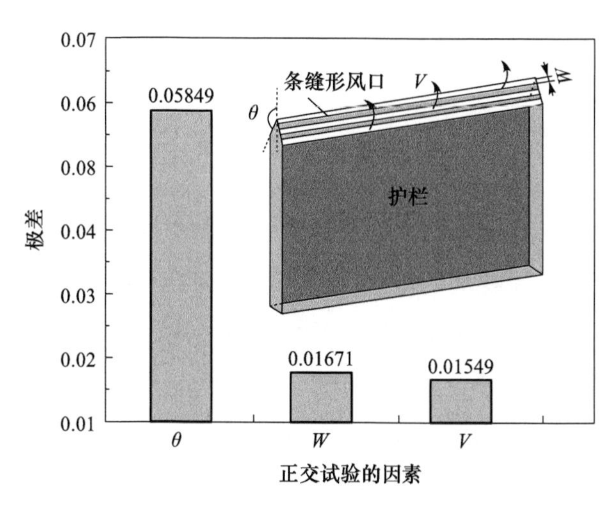

图 6.17 护栏靶向送氧气流组织参数的极差比较

θ. 送风口偏转角度; V. 送风速度; W. 条缝宽度

1) 送风口偏转角度 θ 的优化

送风口偏转角度 θ 对氧气浓度靶向值影响最大。为减少试验次数,优化过程首先选取送风口偏转角度 θ 为第一个优化的因素。优化过程保持送风速度 V=0.8m/s 和条缝宽度 W=30mm 不变,考虑 136°、138°、140°、142°、144°、146°、148°、150°八种送风口偏转角度,获得了不同送风口偏转角度 θ 下的氧气浓度靶向值。优化结果表明送风口偏转角度 θ 为 146°时的氧气浓度靶向值最小。

2) 条缝宽度 W 的优化

条缝宽度 W 对氧气浓度靶向值的影响仅次于送风口偏转角度 θ。优化过程保持送风口偏转角度 θ=146°和送风速度 V=0.8m/s 不变,考虑 20mm、25mm、30mm、35mm 四种条缝宽度,获得了不同条缝宽度下的氧气浓度靶向值。优化结果表明条缝宽度 W 为 30mm 时的氧气浓度靶向值最小。

3）送风速度 V 的优化

送风速度 V 对氧气浓度的影响最小，因此最后优化送风速度 V。优化过程中保持送风口偏转角度 $\theta=146°$ 和条缝宽度 $W=30\text{mm}$ 不变，考虑 0.5m/s、0.6m/s、0.7m/s、0.8m/s、0.9m/s、1.0m/s 六种送风速度，获得了不同送风速度下的氧气浓度靶向值。优化结果表明送风速度 V 为 0.8m/s 时最优。

本次优化过程以氧气浓度靶向值为评价指标，通过正交试验获得了护栏靶向送氧末端各参数设置的初步方案，得出送风口偏转角度 θ 对氧气浓度靶向值的影响最大。再通过进一步优化确定了护栏靶向送氧末端的最佳参数，即送风口偏转角度 $\theta=146°$，条缝宽度 $W=30\text{mm}$，送风速度 $V=0.8\text{m/s}$。随着护栏靶向送氧末端各参数的进一步优化，氧气浓度靶向值最终达到最小值，如图 6.18 所示。

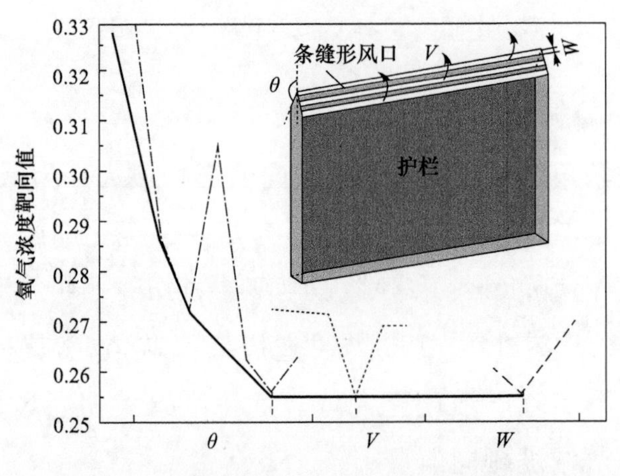

图 6.18　护栏靶向送氧末端的进一步优化曲线

2. 不同气流组织形式的送氧量优化

与护栏靶向送风末端的优化相似，本节以氧气浓度靶向值为评价指标，首先优化各气流组织形式的送氧量，再优化各风口的供氧浓度。保持所有气流组织形式的送风口的供氧体积分数为 30%不变，考虑六种不同送氧量下的工况，确定不同气流组织形式的供氧量优化方案如表 6.7 所示。

表 6.7　不同气流组织形式的供氧量优化方案

气流组织形式	风口面积/m^2	供氧量/(m^3/s)		风口处的供氧浓度/%
上送下回	0.25	0.450	0.675	30
		0.900	1.125	
		1.350	1.575	
置换通风	0.25	0.750	1.125	30
		1.500	1.875	
		2.250	2.625	
竖壁贴附	2	1.200	1.800	30
		2.400	3.000	
		3.600	4.200	

模拟计算完成后，将从每个气流组织形式的不同方案获得的数据代入式(4.4)以计算氧气浓度靶向值。得到上送下回气流组织形式在供氧量为 0.900m^3/s 时具有最小的氧气浓度靶向值，而竖壁贴附气流组织形式在供氧量为 2.400m^3/s 时具有最小的氧气浓度靶向值。

图 6.19 为不同气流组织形式在 t=200s 时刻、X=4.0m 截面处的氧气浓度场。分别为供氧量为 0.009m^3/s 的上送下回气流组织形式的氧气浓度场、供氧量为 1.500m^3/s 的置换通风气流组织形式的氧气浓度场、供氧量为 2.400m^3/s 的竖壁贴附气流组织形式的氧气浓度场和供氧量为 3.126m^3/s 的护栏靶向送氧气流组织形式的氧气浓度场。结果表明，上送下回、置换通风、竖壁贴附这三种气流组织形式都不能完全覆盖人员的靶向呼吸区，且室内流场不均匀，只有在靠近风口处的氧气浓度值较大。由于置换通风的风口布置在地面附近，室内流场无法有效覆盖人员呼吸区，视为无效气流组织形式。与上面三种气流组织形式相比可以看出，护栏靶向送氧气流组织形式的氧气浓度场中，氧气在人员呼吸区中分布均匀，并完全覆盖人员靶向呼吸区(矩形框内)。

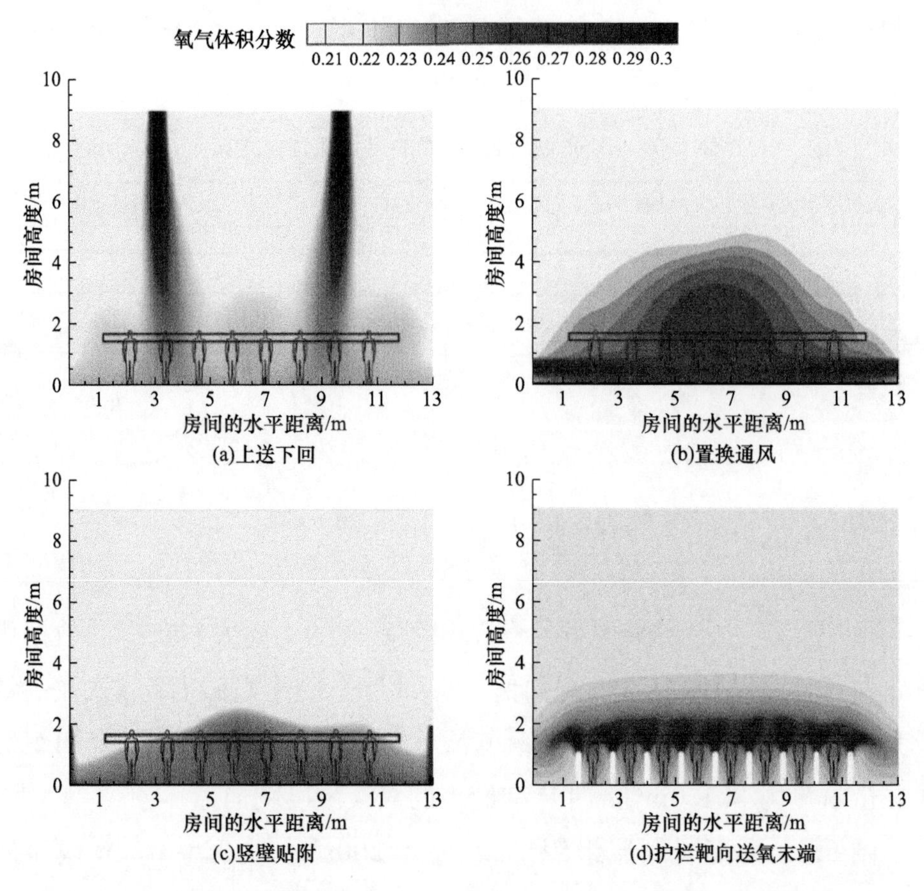

图 6.19　不同气流组织形式在 $t=200$s 时刻、$X=4.0$m 截面处的氧气浓度场

计算四种气流组织形式在不同工况下的氧气浓度靶向值,得到上送下回的气流组织形式在供氧量为 0.900m³/s 时的氧气浓度靶向值最小,竖壁贴附在供氧量为 1.500m³/s 时的氧气浓度靶向值最小。如图 6.20 所示,分别为供氧量为 0.900m³/s 的上送下回气流组织形式的氧气浓度场、供氧量为 1.500m³/s 的置换通风气流组织形式的氧气浓度场、供氧量为 2.400m³/s 的竖壁贴附气流组织形式的氧气浓度场和供氧量为 3.126m³/s 的护栏靶向送氧气流组织形式的氧气浓度场。与其他气流组织形式相比,护栏靶向送氧气流组织形式的氧气浓度靶向值最小,比置换通风气流组织形式的氧气浓度靶向值低 9%,比竖壁贴附气流组织

形式的氧气浓度靶向值低 27%。这主要是因为氧气直接由护栏靶向送氧末端送入人员的呼吸区，可以减少氧气浪费。

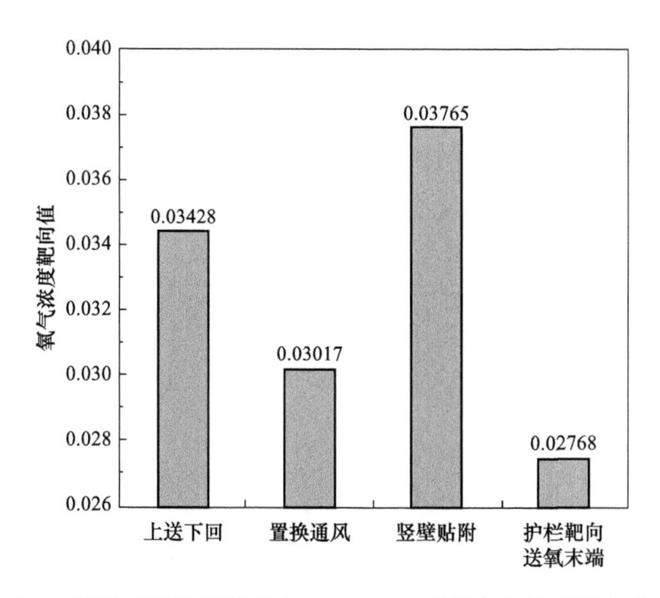

图 6.20　不同气流组织形式在 t=200s 时刻的氧气浓度靶向值对比

3. 不同气流组织形式的供氧浓度优化

为了在 3000m 海拔高度地区实现靶向呼吸区中氧气体积分数达到 30%，还需要优化不同气流组织形式的供氧浓度。上送下回和竖壁贴附气流组织形式在供氧浓度分别为 50%和 80%时具有最小的氧气浓度靶向值，而置换通风的最小靶向值则在供氧浓度为 60%时出现。本节还研究了靶向呼吸区(X=4.0m，Y=1.1～11.9m，Z=1.4～1.7m)的弥散式供氧效率 ε 随时间的变化情况。

如图 6.21 所示，当护栏靶向送氧末端的送氧系统开始工作，由于室内空气扩散不均匀和室内流场不稳定，弥散式供氧效率 ε 会出现较大的波动。四种不同气流组织形式在靶向呼吸区中的弥散式供氧效率 ε 随时间增加并逐渐稳定，这意味着氧气浓度也逐渐稳定。与其他气流组织形式相比，护栏靶向送氧气流组织形式的弥散式供氧效率最高，比竖壁贴附高 658%，比置换通风高 271%。

为了更加形象地评价气流组织形式的供氧有效性，本节提出了输送到靶向区域内氧气量占输送到整个房间内的总氧气量的比例 φ，即

$$\varphi=\frac{Q_{\mathrm{tar}}}{Q_{\mathrm{total}}} \tag{6.2}$$

式中，Q_{tar} 为输送到靶向区域内的氧气量，m^3/s；Q_{total} 为输送到整个房间内的总氧气量，m^3/s。

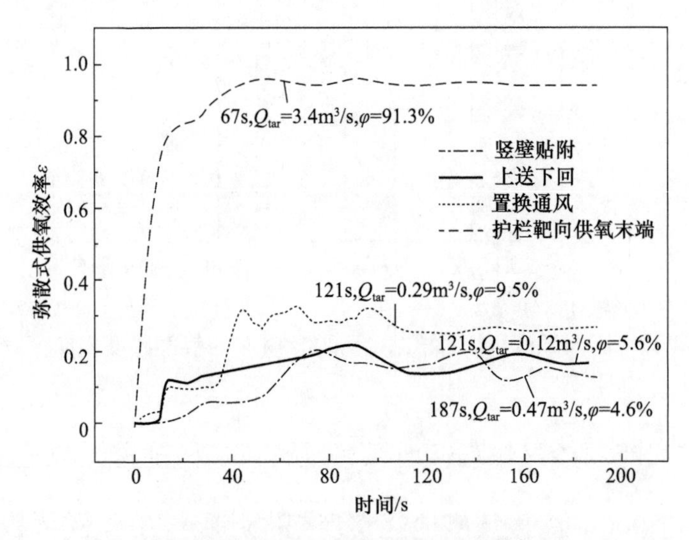

图 6.21　不同气流组织形式在不同海拔高度下 $X=4.0\mathrm{m}$ 处的弥散式供氧效率 ε 和氧气量占比 φ 随时间的变化过程

如图 6.21 所示，护栏靶向送氧气流组织形式的 φ 最高，约为 91.3%，是其他气流组织形式的 10～20 倍。因此，护栏靶向送氧气流组织形式不仅可以快速在靶向区域营造富氧环境，还有较高的供氧效率，减少了氧气的浪费。与其他气流组织形式相比，护栏靶向送氧气流组织形式的送风口距离靶向区域较近，人员能够快速吸入新鲜的富氧空气，供氧效果较好。

6.2.3　不同海拔高度和人群密度对供氧效果的影响

1. 不同海拔高度对供氧效果的影响

为了验证护栏靶向送氧末端气流组织形式在不同海拔高度的普适性，本节对其在2000m、3000m、4000m和5000m的海拔高度区域的实施效果进行了研究。

如图6.22所示，随着海拔高度和供氧浓度的增加，相应靶向呼吸区中的氧气浓度也会增加。并且，氧气浓度场的形状不会随氧气浓度的变化而变化，氧气均匀地分布在呼吸区中。另外，护栏靶向送氧气流组织

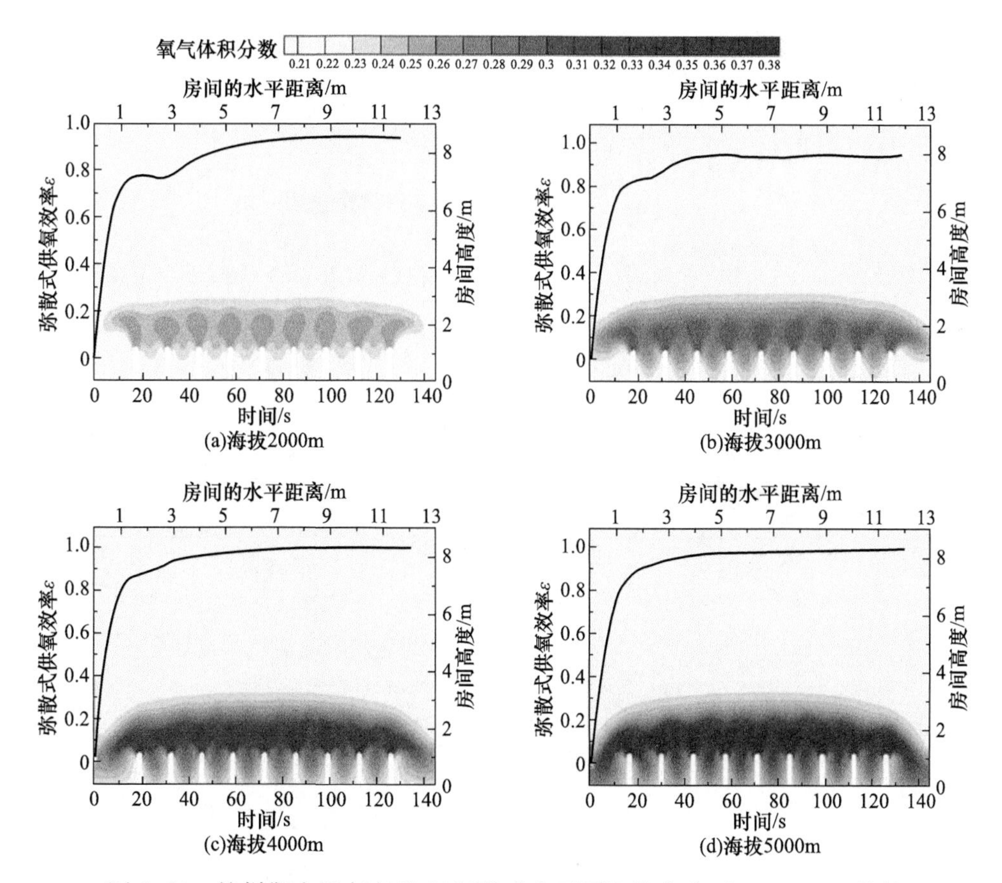

图6.22　护栏靶向送氧气流组织形式在不同海拔高度下$X=4.0$m处的氧气浓度场和弥散式供氧效率ε的对比

形式的供氧浓度越大，室内流场越稳定，弥散式供氧效率 ε 的波动越小。与其他三种气流组织形式相比，护栏靶向送氧气流组织形式的弥散式供氧效率 ε 可提高到约 80%。因此，用于氧气供应的护栏靶向送氧气流组织形式在不同的海拔高度均具有较好的实施效果。

2. 不同人群密度对供氧效果的影响

机场或车站的人群密度为 0.8 人/m^2，人员所得显热为 75W/m^2[3]。本节研究了机场或车站人员所得显热分别为 75W/m^2、300W/m^2，海拔为 3000m 的工况下高大空间内氧气的扩散情况。

图 6.23 为低压高大空间内地面所得不同显热时的氧气浓度场和弥散式供养效率 ε 对比。当地面所得显热为 300W/m^2 时，随着人员表面的热流量增加，氧气与空气之间的密度差增大，使得空气更强烈地向上扩散，地面附近的氧气浓度更高。

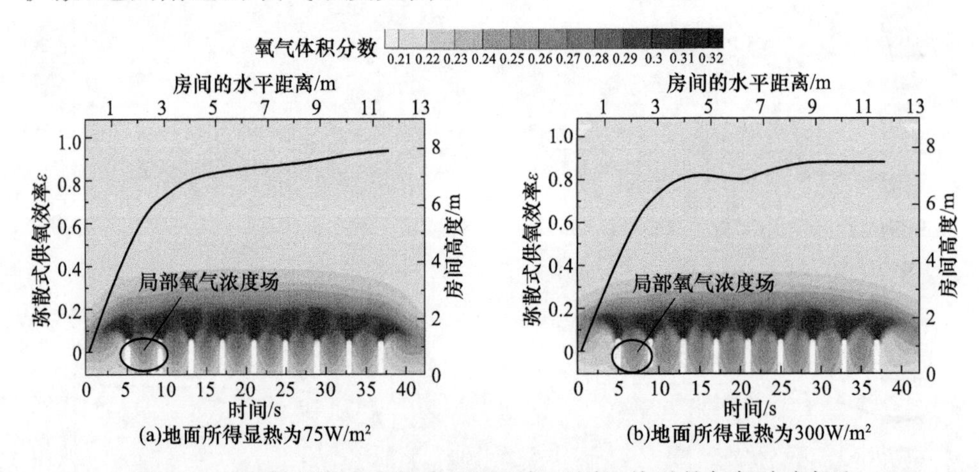

图 6.23　在低压高大空间内地面所得不同显热时的氧气浓度场和弥散式供氧效率 ε 对比

6.2.4　护栏靶向送氧气流组织形式在不同身高人群中的应用

护栏靶向送氧气流组织形式在高大空间中所营造的氧气浓度场沿着高度方向存在明显的氧气浓度梯度。由于儿童的身高随年龄变化很大，成年人的身高稳定且易于量化。因此，本节研究了护栏靶向送氧在欧洲和北美成年人群中的送氧效果。如图 6.24 所示，通过增加护栏的高度，发现在 1.30m 处的护栏靶向送氧气流组织形式可以完全覆盖靶向呼吸区，并有效地提高人员吸入空气中的氧气浓度。

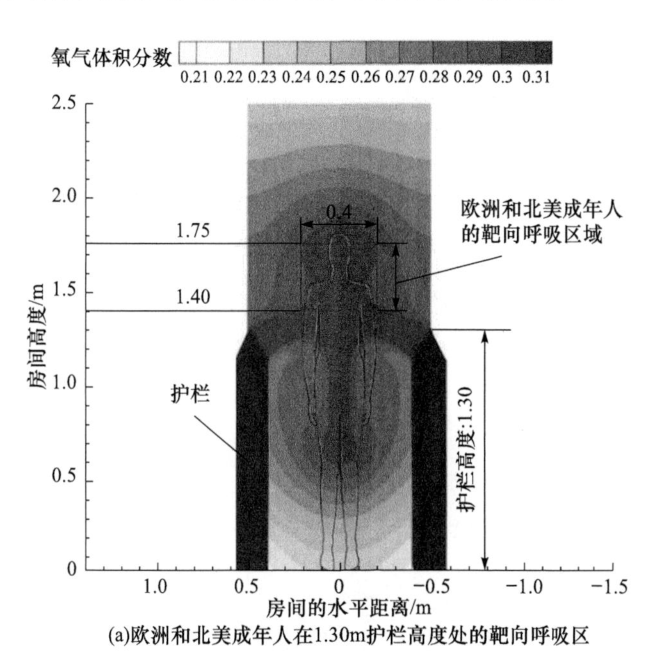

(a)欧洲和北美成年人在1.30m护栏高度处的靶向呼吸区

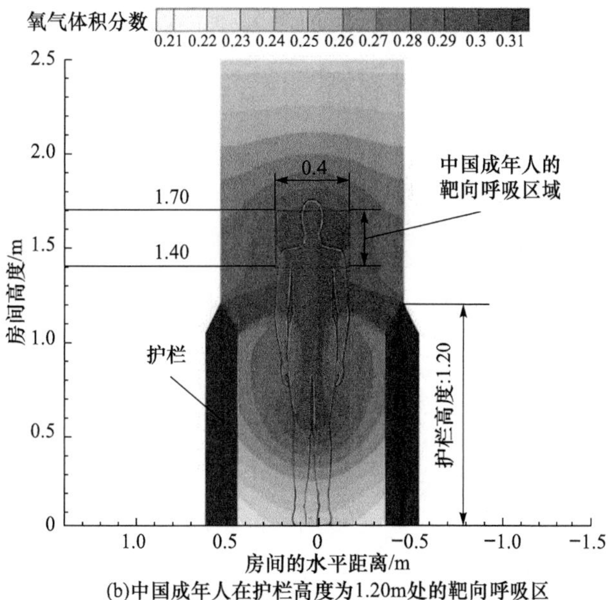

(b)中国成年人在护栏高度为1.20m处的靶向呼吸区

图 6.24 不同身高的成年人的靶向呼吸区比较

以护栏靶向送氧末端中的风机能耗计算为例：风机能耗，即风机的有效功率，是指每单位时间通过风机的流体所获得的总能量。有效功率的计算公式为

$$N_e = \frac{QP}{1000} \tag{6.3}$$

式中，N_e 为有效功率，kW；Q 为体积流量，m^3/s；P 为风机的全压，Pa。

影响风机能耗的因素是体积流量和全压。体积流量 Q 和全压 P 的计算公式为

$$Q = (1.10 \sim 1.20) Q_{max} \tag{6.4}$$

$$P = (1.10 \sim 1.20) p_{max} \tag{6.5}$$

式中，Q_{max}为系统要传递的最大体积流量，m^3/s；p_{max}为系统管道的最大阻力，Pa。

设定富裕系数为 1.20，则 2m×0.2m×1.2m 的风管所需的风机风量为

$$1.20 Q_{max} = 0.173(m^3/s)$$

供氧系统的管道阻力包括局部阻力和摩擦阻力。局部阻力 Δp 的计算公式为

$$\Delta p = \zeta \frac{V^2 \rho}{2} \tag{6.6}$$

式中，ζ 为局部阻力系数；V 为风管内局部压力损失发生处的空气流速，m/s；ρ 为空气密度，kg/m^3。

摩擦阻力 p_{ml}的计算公式为

$$p_{ml} = R_{ml} l \tag{6.7}$$

式中，R_{ml}为管道单位长度的摩擦阻力，Pa/m。单位长度的摩擦阻力 R_{ml}根据管道的流量等效直径确定。

护栏的侧面面积为

$$S_1 = 1.0 \times 0.2 = 0.2(m^2)$$

流量当量直径为

$$D_l = 1.3\frac{(ab)^{0.625}}{(a+b)^{0.25}} = 0.45(\text{m})$$

根据流量和通量当量直径，$R_{ml}=0.88\text{Pa/m}$。风管的摩擦阻力为

$$p_{ml} = R_{ml}l = 0.88\times 2 = 1.76(\text{Pa})$$

管道的局部阻力 Δp 与局部构件有关。风管的局部阻力系数可以设为 0.8。

$$\Delta p = \xi\frac{\rho V^2}{2} = 0.8\times\frac{1.225\times 0.8^2}{2} = 0.314(\text{Pa})$$

风机的全压为

$$P = (1.10\sim 1.20)p_{max} = 1.2\times(1.76+0.314\times 10) = 5.9(\text{Pa})$$

根据风机的体积流量 Q 和全压 P，可以计算出风机的有效功率为

$$N_e = \frac{QP}{1000} = \frac{1.3\times 5.9}{1000} = 0.007(\text{kW})$$

根据风机的体积流量 Q 和全压 P，可以选择风机型号以保证系统的正常运行。对于一节 2m×0.2m×1.2m 的风管，风机的有效功率约为 0.007kW。

6.3 狭长空间火灾事故的局部靶向通风气流组织形式

6.3.1 狭长空间隧道火灾事故的通风系统

1. 狭长空间隧道火灾的事故通风所面临的挑战

在地铁的建设与运营中，地铁火灾问题不容忽视。地铁可能发生的灾害事故包括火灾、水淹、地震、冰雪、风灾、雷击、停电及人为事故等十几种，其中火灾事故发生的次数最多，约占 30%，而且火灾造成的人员伤亡和经济损失最为严重，所以地铁安全部门需要把预防火灾事故放在首要位置。由于地铁区间隧道比较狭窄，且与外界联系较少，一旦发生

火灾，隧道内部温度急剧升高，火灾烟气也很难排除，容易造成严重的伤亡事故。国内外由于地铁区间隧道发生火灾而造成人员伤亡及经济损失的案例比比皆是。

地铁火灾一旦发生，将会造成重大人员伤亡和财产损失。火灾发生后，85%的人员伤亡都是火灾烟气造成的[35]。一方面，地铁空间是一个狭长的封闭空间，其内部空气总量较低，更容易导致燃烧不完全，产生更多的有毒气体，直接危害到隧道内的逃生人员；另一方面，地铁系统的逃生通道主要是地铁的出入口，当火灾发生时，逃生通道人员密集，可见度低，直接影响人员逃生率[36,37]。因此，和地上建筑火灾相比，地铁区间隧道火灾具有更大的危害性。

当火灾发生时，人员用于逃生的隧道空间实际上是隧道的下部空间，所以，只需要保证隧道的下部空间，甚至是下部空间的一部分空气是洁净的，即可保证人员安全撤离[38~40]。基于这个观点，本章将介绍一种呼吸区送风与下送风相结合的隧道火灾逃生系统，这种系统本质上是一种局部通风系统。与全面通风系统相比，局部通风系统具有较高的通风效率[41,42]。传统的隧道通风系统都是在全面通风系统的基础上实现的。

2. 各类狭长空间隧道火灾事故的通风系统

目前存在五种可以用于控制隧道内火灾烟气的通风系统形式。它们分别为：自然通风系统、纵向通风系统、全横向通风系统、送风式半横向通风系统、排风式半横向通风系统[43]。

如图 6.25(a)所示为自然通风系统。烟气排出隧道的过程受到由热烟和周围空气存在温差所引起的浮力影响，而车辆流动造成的活塞效应是将烟气排出隧道的驱动力。

如图 6.25(b)所示为纵向通风系统。纵向通风系统在自然通风系统的基础上增加了机械风机。

如图 6.25(c)所示为全横向通风系统。全横向通风系统设有静压箱和通风管道，在沿隧道方向上，同时设有送风系统和排风系统。

如图 6.25(d)、(e)所示分别为送风式半横向通风系统和排风式半横向通风系统。半横向通风系统(包括送风式和排风式)均设有通风井，利用机械风机驱动空气流动，通过单独的静压箱或通风管道，允许空气进入或离开隧道。静压箱或通风管道通常位于吊顶上部、结构板下部或圆形断面隧道内。与全横向通风系统相比，半横向通风系统只具有单一的送风或排风功能，而全横向通风系统既具有送风功能也具有排风功能。

上述五种隧道通风系统采用的通风方式均为全面通风，其目标是降低火灾发生时隧道内的烟气浓度，但是存在两方面问题：

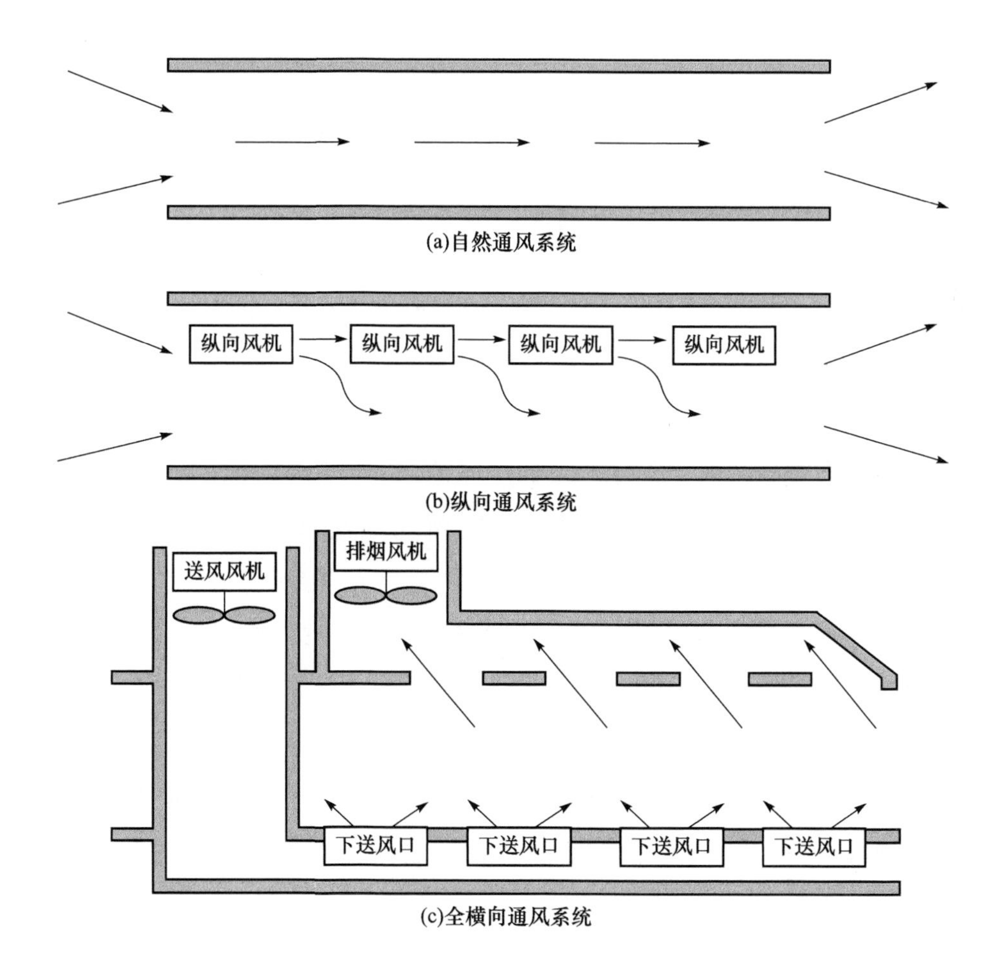

(a)自然通风系统

(b)纵向通风系统

(c)全横向通风系统

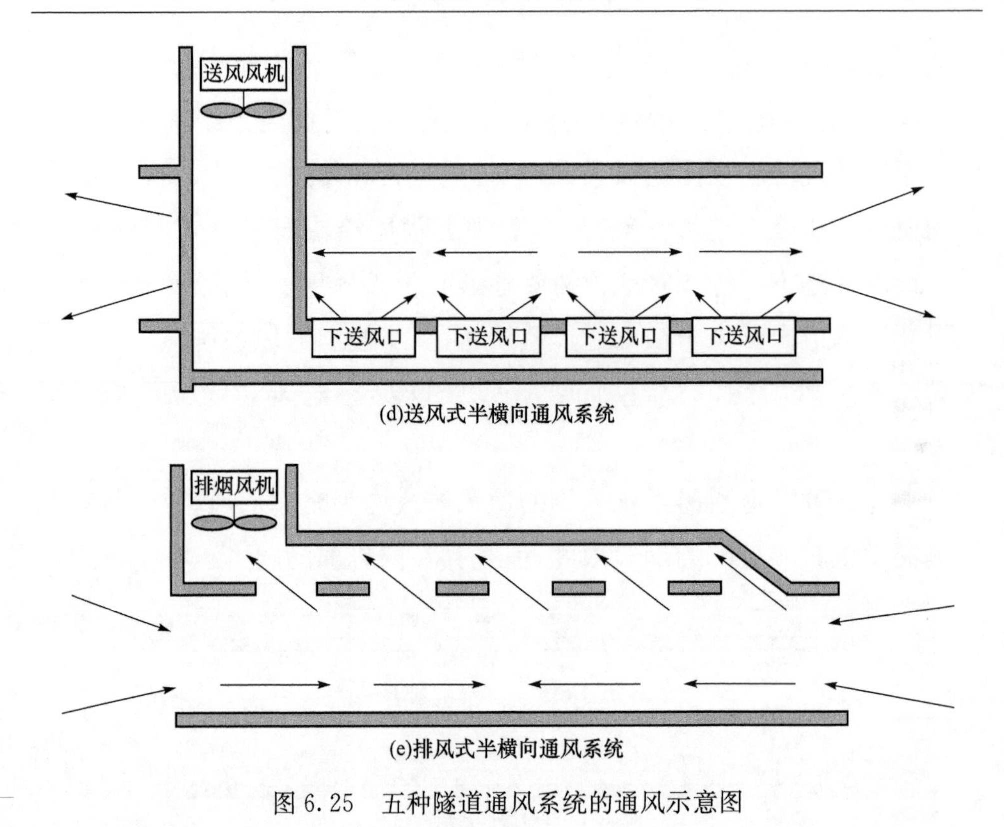

图 6.25　五种隧道通风系统的通风示意图

(1) 由于火源在不停地释放烟气,隧道内烟气不能被及时排除,导致隧道内烟气浓度较高、气流通路堵塞、可见度降低。

(2) 即使降低了火灾发生时隧道内烟气的平均浓度,但在局部区域,特别是人员呼吸区,仍有较高的烟气浓度,影响隧道内的人员逃生。

当火灾发生时,人员用于逃生的隧道空间实际上是隧道的下部空间,所以,只需要保证隧道的下部空间,甚至是下部空间的一部分空气是洁净的,即可保证人员安全撤离。因此人员逃生时只需要借助呼吸区,其他空间可以允许烟气自由扩散。所以,可以通过增大隧道内烟气的浓度梯度,使得烟气在隧道上部积累,降低下部空间的烟气浓度。根据这种情况,本节拟基于局部送风原理设计出一种新型的隧道火灾通风系统,这种系统具有呼吸区送风特性。在舒适性空调领域中,这类通风系统在排除污染物的性能上优于全面通风系统,具有较高的通风效率。

6.3.2　狭长空间火灾事故的局部靶向通风系统物理模型及优化

1. 狭长空间火灾事故的局部靶向通风系统物理模型

本节选择了一条典型的矩形隧道，这条隧道的尺寸为200m×8m×4m。隧道的一侧安装了具有呼吸区送风特性的通风系统（a breathing air supply zone that was combined with an upward ventilation assisted tunnel evacuation system，BTES），当它运行时，人们可以通过由BTES创建的逃生通道撤离。

如图6.26所示，BTES包括四个部分：静压箱、水平挡烟垂壁、第一喷口和第二喷口，静压箱设置在隧道的拐角处，与第一喷口和第二喷口相连。第一喷口设置在隧道的侧壁距隧道底面1.5m高处，用来保证一个干净的呼吸区域。当两股射流与向上的通风相结合时，便会形成呼吸空气供应区。

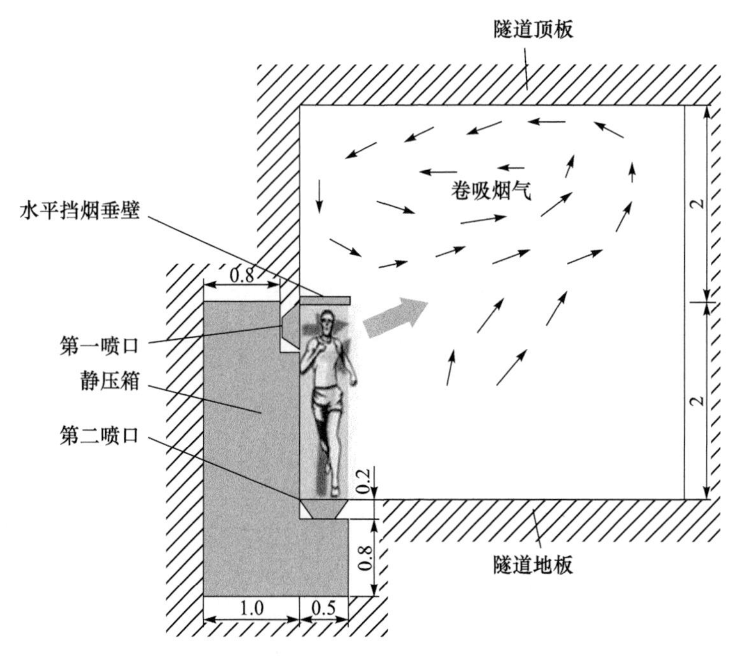

图6.26　BTES剖面图(单位:m)

安全逃生通道

当隧道内发生火灾时,烟气首先会充满整个隧道的上部空间,然后向下蔓延,向下蔓延的烟气具有一定的动量。第一喷口所形成的空气幕会一定程度地抵消这些动量,防止烟气全部流入安全逃生通道。但是因为火灾发生时烟气的速度是随机的、脉动的,所以第一喷口所形成的空气幕无法彻底阻止烟气流入安全逃生通道。第二喷口的送风不仅可以用于维持安全逃生通道内的正压环境,还可将通过第一喷口空气幕的部分渗透烟气排出安全逃生通道。与静压箱相连的管道中装有风机,通向室外。

表 6.8 中列出了上述各种通风系统的边界条件[44]。

表 6.8　各通风系统下风口开启情况[44]

通风系统名称	第一喷口	第二喷口	水平挡烟垂壁	送风口	排风口
BTES	0.7m/s1)	0.3m/s1)	有	无	无
自然通风系统	无	无	无	无	无
纵向通风系统	无	无	无	无	无
全横向通风系统	无	无	无	3.5m/s1)	3.5m/s1)
送风式半横向通风系统	无	无	无	3.5m/s1)	无
排风式半横向通风系统	无	无	无	无	3.5m/s1)

1) 表内数字为烟气速度。

送风口和排风口尺寸都为 2.5m×2m,第一喷口和第二喷口的宽度都为 0.5m。在本节中,将热流边界条件应用于隧道壁面和顶部,预测隧道周围烟气辐射换热、对流传热所引起的隧道壁面温度、顶部温度的增加幅度。此外,给定隧道壁面及顶棚材料的热物性参数:密度为 2400kg/m^3,热传导率为 2.0W/(m·K),比热容为 0.9kJ/(kg·K)。

雷诺平均 N-S 方程(Reynolds-averaged Navier-Stokes equations, RANS)、直接数值模拟(direct numerical simulation, DNS)和大涡模拟(large eddy simulation, LES)可以用于预测火灾烟气输送。这些方法中,LES 是用来解决湍流偏微分方程的数值技术,相比于偏重时均计算的 RANS 方法,LES 可以预测瞬态流,解决湍流结构问题[45]。除此之外,对于流动分层,LES 也提供了一个比 RANS 更为准确的结果。也就是说，LES 湍流模型在计算由火灾引起的烟气输送时具有更加准确的预测能力。在使用 LES 湍流模型时，湍流普朗特数和湍流施密特数这两个参数值十分重要，这两个参数值在烟气温度的预测中直接决定了模拟结果的准确性[46]。

当普朗特数和施密特数分别采用 0.2 和 0.5 时，如图 6.27 所示，通过 Hu 等[47]和 Lee 等[48]的试验可以看出，LES 所给出的预测结果与试验数据进行对比后吻合较好。由辐射热传导方程(radiant heat conduction equation，RTE)作为控制方程的火灾烟气模拟中包含了辐射传热。RTE 可以通过有限体积法(finite volume method，FVM)进行求解。热对流通过基本的守恒方程求解。为了验证数值解的收敛性，火灾烟气的模拟过程中

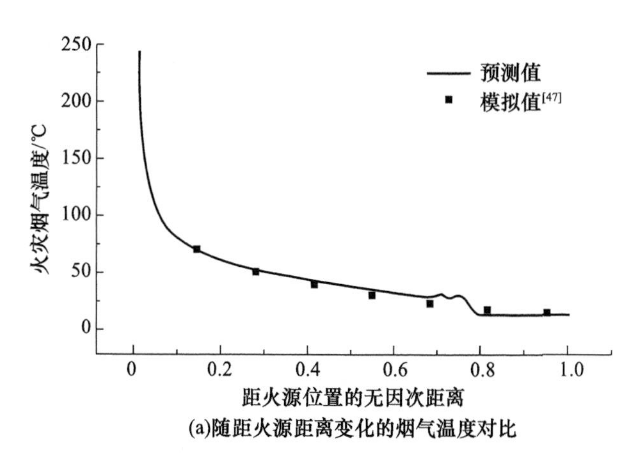

(a)随距火源距离变化的烟气温度对比

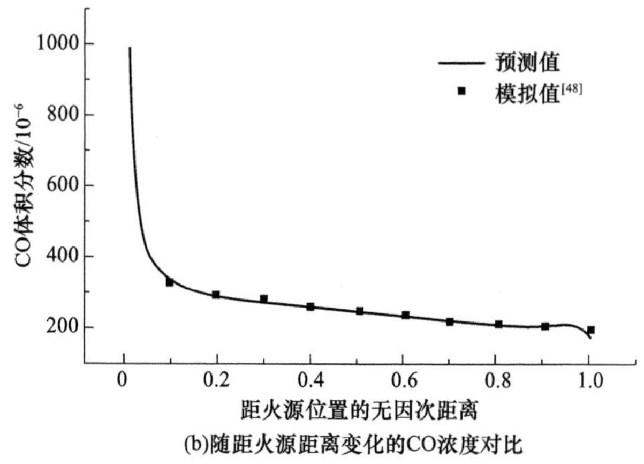

(b)随距火源距离变化的CO浓度对比

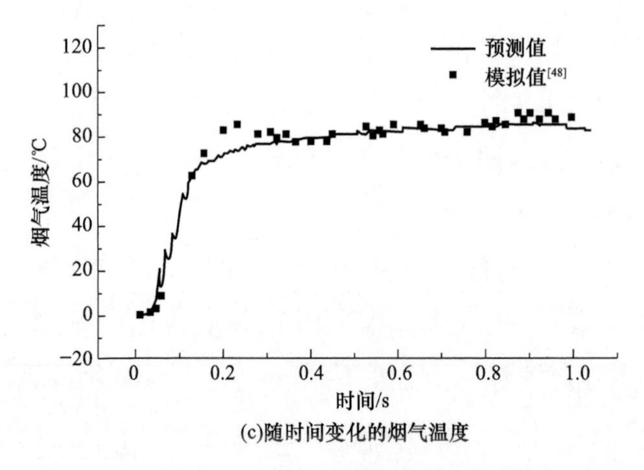

(c)随时间变化的烟气温度

图 6.27　模拟值与试验数据对比

使用了 Courant-Friedrich-Lewy(CFL)条件[49]，在每个计算时间段下，计算过程的 CFL 均比标准值低，这表明每个时间段下的计算结果均收敛。

在模拟计算过程中火源位于隧道中央，大小为 1m×1m×1m，火源强度由热释放率(heat release rate，HRR)决定。HRR 是火灾发生时火源产生热量的速率，它是影响隧道火灾中烟气生成量的一个主要参数。本节中所采用的火源 HRR 与 Wang 等[50]的测试一致，其中火源均为柴油火。

本节所使用的燃烧模型是预混模型，每个组分都是通过输送方程来进行追踪的，从一个组分到另一个组分的质量转化本质上是伴随着能量释放的反应过程。燃料质量百分比的转化率用 S_y 表示，在本节中 S_y=0.1。

2. 狭长空间火灾事故的局部靶向通风系统优化

隧道火灾十分复杂，且由于会伴随各种突发事件，如局部坍塌、局部爆炸、人员拥挤、人员迷路等，所以很难确定人员在火灾中的反应以及所需要的逃生时间，只能通过概率统计及一系列的近似模型得出参考值，故应该严格规定通风系统的标准。根据美国职业安全与健康标准(occupational safety and health administration，OSHA)[51]中对 CO 的规定，CO 浓度的上限值为 5×10^{-5}，这个值是 8h 的耐受值，取如此大的耐受时间是因为地铁隧道曲线较长，而较长的耐受时间可以为火灾情况下人员疏散预留尽可能多的疏散时间。同时，考虑到火灾中各种不可预知的突发事件，将 CO 的上限浓度设定为 1×10^{-5}，即 CO 浓度靶向值为 1×10^{-5}。当 CO 浓度靶向值较大时，隧道内通风量会显著降低，但同时安全性也会降低，反之则通风量和安全性都提高。

CO 作为火灾烟气的主要有害成分之一，可以被用于衡量采用 BTES 后逃生通道内空气的洁净程度。本节研究了 200m 长的地铁隧道内 BTES 的运行状况，隧道内部体积很大。在逃生通道中，由于火灾烟气的随机性和湍流效应，整个隧道内的烟气分布并不均匀，因此局部烟气浓度可能已经超标。但对于整体隧道空间来说其平均烟气浓度却不一定超标，所以要测量出空间内 CO 浓度的最大值。采用上述 CO 浓度标准和 CO 测量方法，可以对 BTES 的最小送风速度和送风速度比进行研究。

BTES 的两个喷口具有不同的功能，安装在侧墙的第一喷口用来保证呼吸区新鲜空气，安装在地板的第二喷口用来保证通道内正压并排除由于湍流流动而进入的部分烟气，所以第一喷口和第二喷口的送风速度应该是不同的。

隧道火灾排烟 CO 浓度靶向值计算公式为

$$T_{\mathrm{CO}}=\sqrt{\frac{\sum_{i=0}^{n}(C_{\mathrm{CO},i}-C_{\mathrm{CO,t}})^2}{n}} \tag{6.8}$$

式中，T_{CO}为逃生通道内 CO 浓度靶向值；$C_{\mathrm{CO},i}$为逃生区域 i 点的 CO 浓度；$C_{\mathrm{CO,t}}$为靶向 CO 浓度值 1×10^{-5}；n 为总测量点数。

由式(6.8)可知：①当 $C_{\mathrm{CO},i}<C_{\mathrm{CO,t}}$时，表明逃生区域 CO 浓度比靶向值小，通风过量；②当 $C_{\mathrm{CO},i}>C_{\mathrm{CO,t}}$时，表明逃生区域 CO 浓度比靶向值大，通风不足。

如图 6.28(a)所示，图中 V_1 表示的第一喷口的送风速度；V_2 表示的是第二喷口的送风速度。为了获得第一喷口和第二喷口送风速度的优化数据，首先假设 V_1 和 V_2 两组送风速度相等，两个喷口的送风速度都从 0m/s 变化到 1m/s，可以看出，BTES 的逃生通道中 CO 浓度靶向值在 $V_1=V_2=0.5$m/s 时最小，即通风量满足靶向要求，既不过量也无不足。在此基础上，改变 V_1 与 V_2 的送风速度比，如图 6.28(b)所示，逃生通道内的 CO 浓度靶向值在 $V_1=0.3$m/s、$V_2=0.7$m/s 时最小。也就是说，当第一喷口与第二喷口的送风速度比为 0.43 时，BTES 所营造的逃生通道中的 CO 浓度最小，所以送风速度比的最优值为 0.43。

隧道内送风量越大，隧道内的换气次数也越大，相应的排除污染物的能力也越强。但是从造价方面考虑，第一喷口和第二喷口的送风速度不可能无限制地增加，因此在满足逃生通道内 CO 浓度限制的同时降低送风量。本节在火源 HRR 最大值为 35MW 的条件下，对逃生通道内 CO 浓度值达标的两个喷口最小送风速度进行了研究。当第一喷口和第二喷口的送风速度分别为 0.3m/s 和 0.7m/s 时，逃生通道内最大 CO 体积分数为 9.88×10^{-6}，如图 6.28(b)所示，该值小于上述标准值 10×10^{-6}，故确定第一喷口送风速度为 0.3m/s，第二喷口送风速度为 0.7m/s。

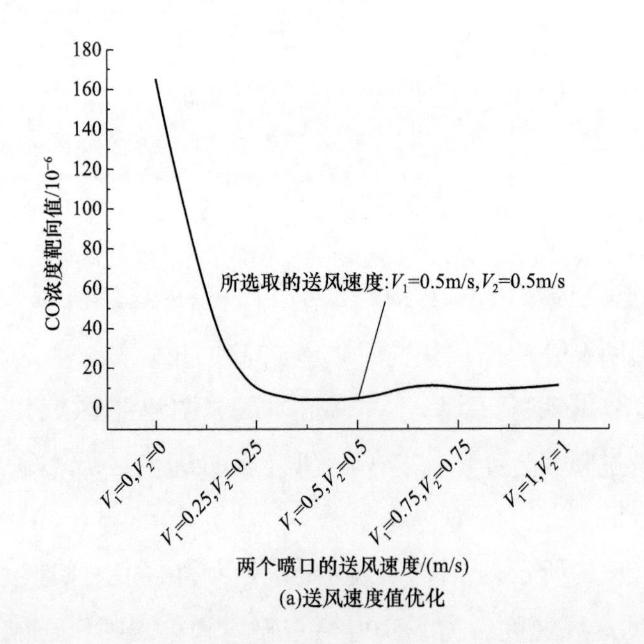

(a)送风速度值优化

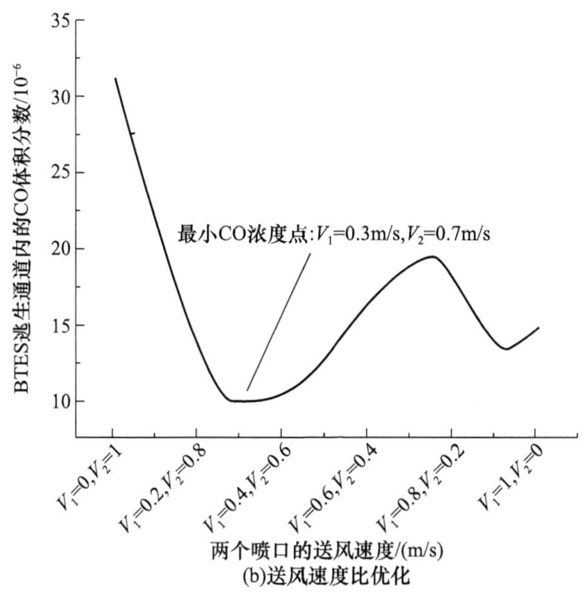

(b)送风速度比优化

图 6.28 第一喷口和第二喷口送风速度优化

6.3.3 狭长空间火灾事故的局部靶向通风系统所形成逃生通道的影响因素

1. HRR对狭长空间火灾事故的局部靶向通风系统所形成逃生通道的影响

本节研究了七种不同火源 HRR(5MW、10MW、15MW、20MW、25MW、30MW、35MW)的火灾状况下 BTES 的运行状况。如图 6.29 所示,在不同的火源强度下,将 BTES 与其他五种传统的隧道通风系统(纵向通风系统、全横向通风系统、送风式半横向通风系统、排风式半横向通风系统、自然通风系统)的通风性能进行比较,以隧道内最大的 CO 浓度值作为比较参数。由于其他通风方式不具有 BTES 所形成的逃生通道,所以 CO 浓度值的测量位置选定为隧道的下部空间,该空间与 BTES 的逃生通道位置重合。

如图 6.30 所示,火源 HRR 最大值为 35MW,采用 BTES 的 CO 浓度值明显低于采用其他传统通风系统的 CO 浓度值,采用 BTES 的隧道内 CO 浓度是采用自然通风系统隧道内 CO 浓度的 0.48%,是纵向通风系统隧道内 CO 浓度的 0.54%,是送风式半横向通风系统隧道内 CO 浓度的 0.58%，是排风式半横向通风系统后隧道内 CO 浓度的 0.76%，是全横向通风系统后隧道内 CO 浓度的 0.80%。

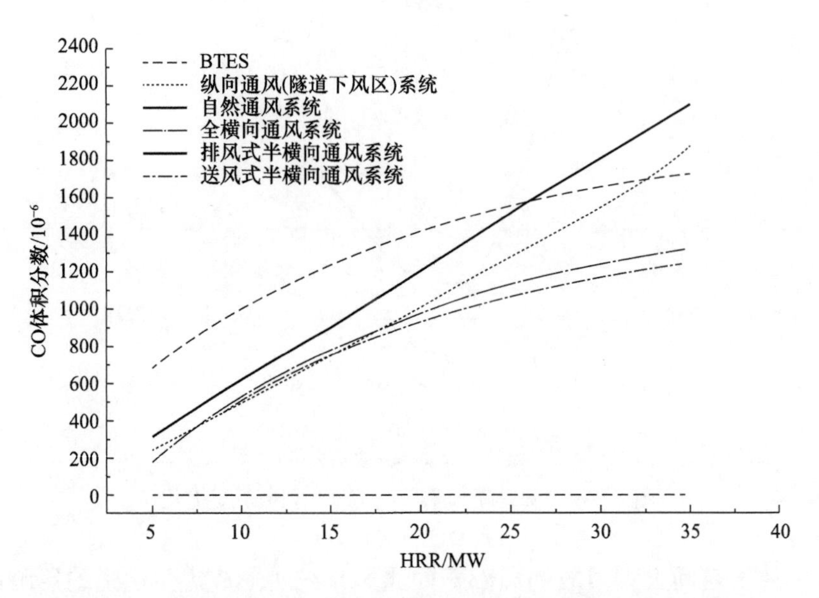

图 6.29　各种隧道通风系统下隧道内的 CO 浓度随 HRR 的变化

BTES 能够营造一个无烟的逃生通道，相比于其他传统的隧道通风系统，使用 BTES 后隧道内的烟气浓度从上到下明显增加，这使得隧道下部空间的 CO 浓度更低，当发生火灾时更有利于隧道内的人员逃生。

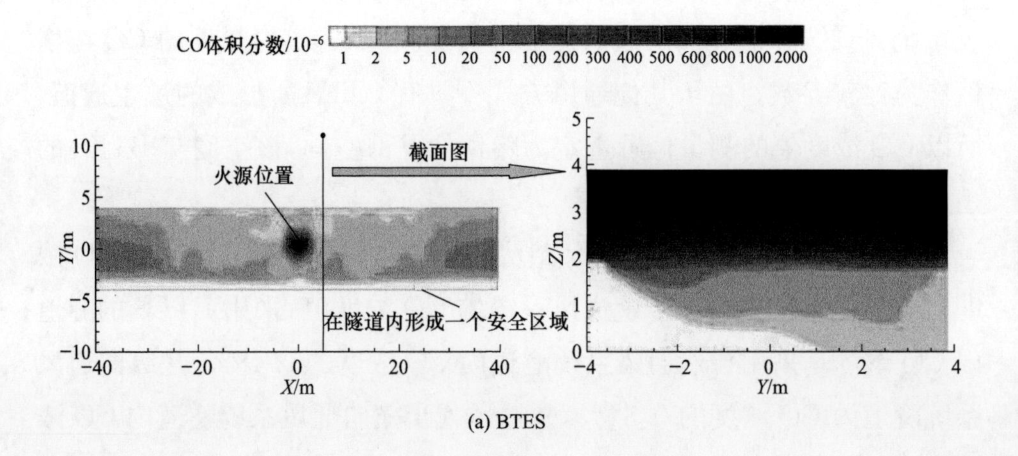

(a) BTES

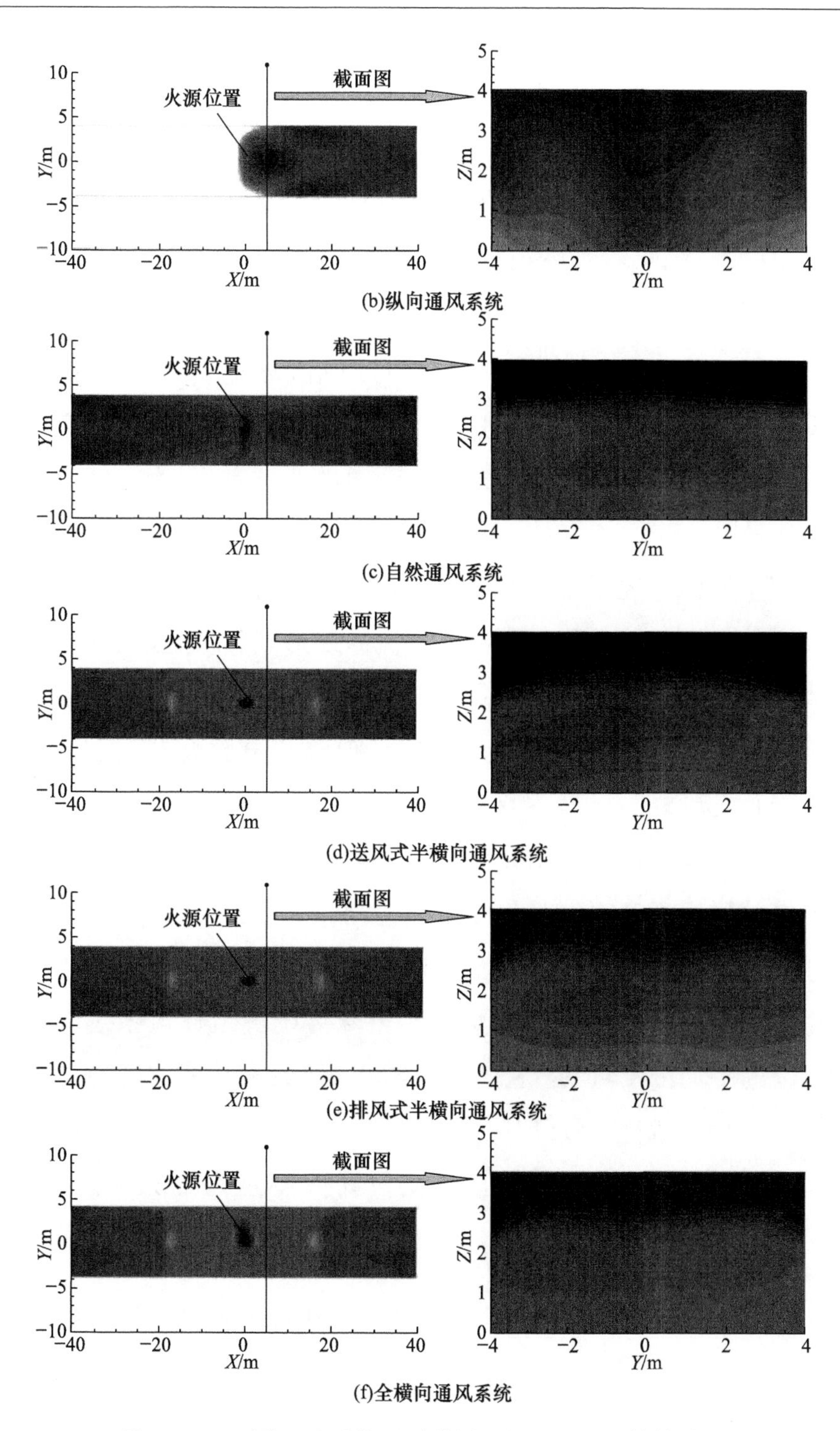

图 6.30 不同通风系统下隧道剖面的 CO 浓度等值线图

纵向通风系统的优点是安装风管系统所使用的隧道空间少，安装简单并且初投资少。它的缺点是无法控制隧道下风区的火灾烟气。纵向通风系统的基本特点是它会形成一股纵向的、均匀的、贯穿整个隧道的空气，干净的空气从隧道一头进入，流经火源，带走火源产生的火灾烟气，然后从隧道的另一头流出，流经火源后的空气必然是已经与烟气充分混合的，这就使得隧道的下风区，也就是纵向通风系统的排风区域充满火灾烟气，因此人们只能从隧道的进风区域进行疏散。而在使用BTES时，由BTES所形成的逃生通道是贯穿整个隧道的，隧道内的人员能够在任意位置进入逃生通道并从隧道的两端逃生，大大增加了人员的逃生概率。

使用全横向通风系统、送风式半横向通风系统、排风式半横向通风系统和自然通风系统的隧道内部的气流组织形式相似，虽然由于重力及排烟风机抽力的作用，大部分的火灾烟气停留在隧道顶部，但隧道下部空间仍然具有较高浓度的烟气，烟气中CO体积分数大于3×10^{-6}，远远高于OSHA标准的6倍，并且超过BTES所形成逃生空间内CO浓度值的30倍，这样高浓度的CO会对逃生人员产生危害。

传统的隧道通风系统是将整个隧道当作一个整体空间，而这些传统隧道通风系统可以用于排除整个隧道内的火灾烟气，但不能用于排除人员逃生的隧道下部空间的火灾烟气。虽然传统隧道通风系统降低了隧道内CO的平均浓度，但是隧道下部空间仍然具有较高浓度的CO，不利于隧道内人员的逃生。BTES是专门针对隧道的下部空间设计，目标是通过送风形成一个空气通道，而不是只排除隧道内的火灾烟气，所以BTES更有利于人员疏散。

2. 火源位置对狭长空间火灾事故的局部靶向通风系统所形成逃生通道的影响

火源位置对BTES的影响对于验证BTES的稳定性具有重要意义。

火源位置不同，火灾烟气在隧道内的气流组织分布是完全不同的。本节测试在火源位置不同的情况下BTES的稳定性，测试分为两种情况：①火源位于BTES所形成的逃生通道内，研究逃生通道气流通路堵塞并发生火灾时BTES的稳定性；②火源位于BTES所形成的逃生通道外，研究逃生通道外某处发生火灾时，距离逃生通道不同位置处的火源对逃生通道的影响。如图6.31所示，对于情况①，逃生通道会被分为两段，但是这两段逃生通道都能够正常工作。

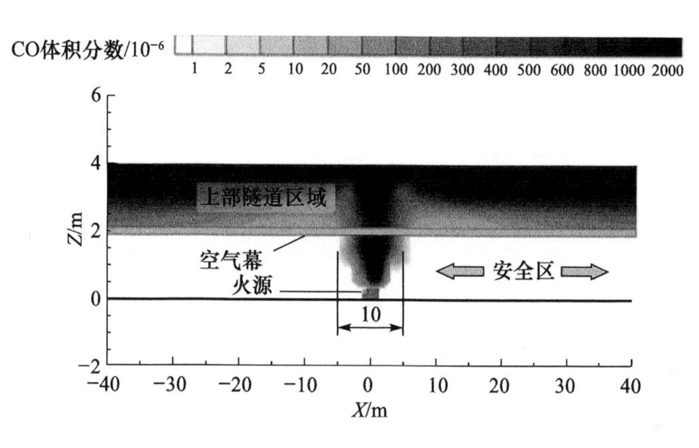

图6.31　火源位于逃生通道内时的隧道纵向剖面图

不论火源位置距离逃生通道多远，逃生通道内的CO浓度几乎不发生变化，这表明逃生通道内的CO浓度与火源位置关系不大，同时还表明在不同火源位置，BTES均可以在发生火灾时疏散隧道内的人员。

3. 报警时间对狭长空间火灾事故的局部靶向通风系统所形成逃生通道的影响

火灾报警时间是火灾从发生到报警所经过的时间，这是一个很重要的参数，它可以决定通风系统开始运行的时间点[52]。若火灾报警时间较长，火灾烟气会流进BTES所形成的逃生通道并在通道内停留，所以，证实BTES是否能够及时有效地排除逃生通道内的火灾烟气非常必要的。

如图 6.32 所示，在本节中通过研究不同的火灾报警时间下 BTES 所营造的逃生通道内 CO 浓度来检测 BTES 的稳定性，并且将 BTES 设置为一旦报警就开始运行的模式。当逃生通道内的 CO 体积分数低于 1×10^{-5}时，认为逃生通道空气质量洁净且安全。在不同报警时间下，BTES 形成逃生通道所需要的时间不同，排除逃生通道内火灾烟气的时间也随着报警时间的增加而增加，但是最长的报警时间都不超过 10s，因此可以认为 BTES 在不同报警时间下都能够正常工作。

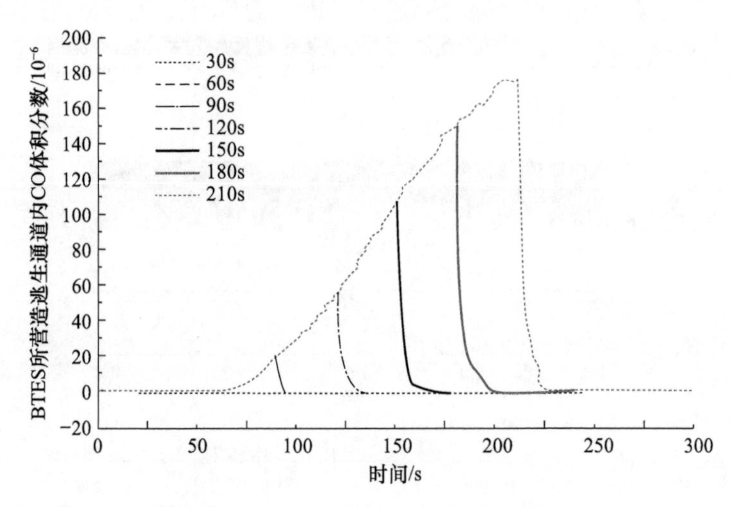

图 6.32 不同报警时间下 BTES 所营造的逃生通道内的 CO 浓度

参 考 文 献

[1] 中华人民共和国国家统计局. 铁路客运量[DB/OL]. http://www.stats.gov.cn, 2019.

[2] 朱建章，黄保民，孙兆军，等. 铁路建筑暖通空调设计综述[J]. 暖通空调，2010, 40(5):1-8.

[3] Chartered Institution of Building Services Engineers (CIBSE). CIBSE Guide A, 2006:Environmental design[S]. London:CIBSE,2006.

[4] 吉铮,周航,叶磊.客运站候车厅空调通风送氧研究综述[J].产业与科技论坛,2019,18(19):60-61.

[5] Qian H,Li Y,Nielsen P V,et al. Dispersion of exhaled droplet nuclei in a two-bed hospital ward with three different ventilation systems[J]. Indoor Air,2006,16(2):111-128.

[6] Zhai Z Q,Metzger I D. Insights on critical parameters and conditions for personalized ventilation[J]. Sustainable Cities and Society,2019,48:101584.

[7] Zheng X W,Zhang X,Li Y H,et al. Numerical simulation of roof air distribution with swirl diffusers for exhibition hall in Shanghai[J]. Energy Conservation Technology,2017,35(5):387-391.

[8] Liu S,Clark J,Novoselac A. Air diffusion performance index (ADPI) of overhead-air-distribution at low cooling loads[J]. Energy and Buildings,2016,134:271-284.

[9] Zhao B,Li X,Lu J. Numerical simulation of air distribution in chair ventilated rooms by simplified methodology[J]. ASHARE Transactions,2002,108:1079-1083.

[10] Li X,Niu J,Gao N. Co-occupant's exposure to exhaled pollutants with two types of personalized ventilation strategies under mixing and displacement ventilation systems[J]. Indoor Air,2013,23(2):162-171.

[11] Yin H G,Li A G. Design principle of air curtain ventilation[J]. Lecture Notes in Electrical Engineering,2014,262:307-315.

[12] Yin H G,Li A G,Liu Z Y,et al. Experimental study on airflow characteristics of a square column attached ventilation mode[J]. Building and Environment,2016,109:112-120.

[13] Yin H G, Wu R, Chen T, et al. Study on ventilation effectiveness of circular column attached displacement ventilation mode[J]. Procedia Engineering,2017,205:3511-3518.

[14] Cheng Q,Li H,Rong L,et al. Using CFD to assess the influence of ceiling deflector design on airflow distribution in hen house with tunnel ventilation[J]. Computers and Electronics in Agriculture,2018,151:165-174.

[15] Li X,Niu J,Gao N. Co-occupant's exposure to exhaled pollutants with two types of personalized ventilation strategies under mixing and displacement ventilation

systems[J]. Indoor Air,2013,23(2):162-171.

[16] Chen F,Chen H,Xie J,et al. Air distribution in room ventilated by fabric air dispersion system[J]. Building and Environment,2011,46(11):2121-2129.

[17] Huang C,Yue J,Bai T,et al. A preliminary research on load calculation method of stratified air conditioning system with low-sidewall air inlets and middle-height air outlets in large space building[J]. Procedia Engineering,2017,205:2561-2568.

[18] Assaad D A,Habchi C,Ghali K,et al. Simplified model for thermal comfort,IAQ and energy savings in rooms conditioned by displacement ventilation aided with transient personalized ventilation[J]. Energy Conversion and Management,2018,162:203-217.

[19] Lin Y J P,Wu J Y. A study on density stratification by mechanical extraction displacement ventilation[J]. International Journal of Heat and Mass Transfer,2017,110:447-459.

[20] Ahmed A Q,Gao S,Kareem A K. Energy saving and indoor thermal comfort evaluation using a novel local exhaust ventilation system for office rooms[J]. Applied Thermal Engineering,2017,110:821-834.

[21] 徐鹏嵩,郭亮,庞振华,等. 正交实验方法在激光焊接中的应用[J]. 机电工程技术,2011,40(1):89-91.

[22] Wu Y,Zhao H,Zhang C,et al. Optimization analysis of structure parameters of steam ejector based on CFD and orthogonal test[J]. Energy,2018,151:79-93.

[23] Gao R,Fang Z Y,Li A G,et al. A novel low-resistance tee of ventilation and air conditioning duct based on energy dissipation control[J]. Applied Thermal Engineering,2018,132:790-800.

[24] Gao R,Liu K K,Li A G,et al. Study of the shape of optimization a tee guide vane in a ventilation and air-conditioning duct[J]. Building and Environment,2018,132:345-356.

[25] Gao R,Wang C Z,Li A G,et al. A novel targeted personalized ventilation system based on the shooting concept[J]. Building and Environment,2018,135:269-279.

[26] You R Y,Zhang Y Z,Zhao X W,et al. An innovative personalized displacement ventilation system for airliner cabins[J]. Building and Environment,2018,137:

41-50.

[27] Zheng G H, Shen C, Melikov A K, et al. Improved performance of displacement ventilation by a pipe-embedded window[J]. Building and Environment, 2019, 147: 1-10.

[28] Huang C, Yue J, Bai T, et al. A preliminary research on load calculation method of stratified air conditioning system with low-sidewall air inlcts and middle-height air outlets in large space building[J]. Procedia Engineering, 2017, 205: 2561-2568.

[29] Huang C, Li R, Liu Y, et al. Study of indoor thermal environment and stratified air-conditioning load with low-sidewall air supply for large space based on Block-Gebhart model[J]. Building and Environment, 2019, 147: 495-505.

[30] Li A G, Yi H G, Zhang W D. A novel air distribution method-principles of air curtain ventilation[J]. International Journal of Ventilation, 2012, 10(4): 383-390.

[31] Li A G, Yin H G, Wang G D. Experimental investigation of air distribution in the occupied zones of an air curtain ventilated enclosure[J]. International Journal of Ventilation, 2012, 11(2): 171-182.

[32] 中华人民共和国国家标准. 中国成年人人体尺寸(GB 10000—88)[S]. 北京: 中国标准出版社, 1988.

[33] Hu Z J, Li Q, Li Z Y, et al. Orthogonal experimental study on high frequency cascade thermoacoustic engine[J]. Energy Conversion and Management, 2008, 49(5): 1211-1217.

[34] Zhang Q, Zeng S, Wu C. Orthogonal design method for optimizing roughly designed Antenna[J]. International Journal of Antennas and Propagation, 2014, (3): 1-9.

[35] Yves A. Toxicity of fire smoke[J]. CRC Critical Reviews in Toxicology, 2002, 32(4): 259-289.

[36] Yuan W F, Tan K H. A model for simulation of crowd behaviour in the evacuation from a smoke-filled compartment[J]. Physica A: Statistical Mechanics and Its Applications, 2011, 390(23-24): 4210-4218.

[37] Zheng Y, Jia B, Li X G, et al. Evacuation dynamics with fire spreading based on cellular automaton[J]. Physica A: Statistical Mechanics and Its Applications, 2011, 390(18-19): 3147-3156.

[38] Gao R, Li A G, Hao X P, et al. Prediction of the spread of smoke in a huge transit terminal subway station under six different fire scenarios[J]. Tunnelling and Underground Space Technology, 2012, 31: 128-138.

[39] Gao R, Li A G, Lei W J, et al. Study of a proposed tunnel evacuation passageway formed by opposite-double air curtain ventilation[J]. Safety Science, 2012, 50(7): 1549-1557.

[40] Gao R, Li A G, Hao S P, et al. Fire-induced smoke control via hybrid ventilation in a huge transit terminal subway station[J]. Energy and Buildings, 2012, 45: 280-289.

[41] Melikov A K. Personalized ventilation[J]. Indoor Air, 2004, 14(7): 157-167.

[42] Melikov A K, Cermak R, Majer M. Personal ventilation: Evaluetion of different air terminal devices[J]. Energy and Building, 2002, 34(8): 829-836.

[43] Fan C G, Ji J, Gao Z H, et al. Experimental study of air entrainment mode with natural ventilation using shafts in road tunnel fires[J]. International Journal of Heat and Mass Transfer, 2013, 56(1-2): 750-757.

[44] Jojo S, Li M, Chow W K. Numerical studies on performance evaluation of tunnel ventilation safety systems[J]. Tunnelling and Underground Space Technology, 2003, 18(5): 435-452.

[45] Pope S B. Ten questions concerning the large-eddy simulation of turbulent flows[J]. New Journal of Physics, 2004, 6: 1-24.

[46] Smagorinsky J. General circulation experiments with the primitive equations: I. The basic experiment[J]. Monthly Weather Review, 1962, 91(3): 18-20.

[47] Hu L H, Peng W, Huo R. Critical wind velocity for arresting upwind gas and smoke dispersion induced by near-wall fire in a road tunnel[J]. Journal of Hazardous Materials, 2008, 150(1): 68-75.

[48] Lee S R, Ryou H S. A numerical study on smoke movement in longitudinal ventilation tunnel fires for different aspect ratio[J]. Building and Environment, 2006, 41(6): 719-725.

[49] Courant R, Friedrichs K, Lewy H. On partial difference equations of mathematical physics[J]. IBM Journal of Research and Development, 1967, 11(2): 215-234.

[50] Wang Y, Jiang J, Zhu D. Full-scale experiment research and theoretical study for

fires in tunnels with roof openings[J]. Fire Safety Journal,2009,44(3):339-348.

[51] US Department of Labor. Occupational safety and health administration[J]. Federal Register,2007,43(225):54353-54616.

[52] Chu G,Sun J. Decision analysis on fire safety design based on evaluating building fire risk to life[J]. Safety Science,2008,46(7):1125-1136.

7　岗位通风的靶向风口

通风空调领域面临节能与提高室内空气品质的两项挑战，在传统的气流组织形式中，这两者通常难以兼容。岗位通风是在理论上既能实现热舒适又能节约能源的一种通风方式[1]，因此这一通风方式近年来受到了广泛的关注。

在进行岗位通风时，为了保证送风的可及性，人员与风口之间的距离一般约为 60cm[2]。在这一位置的人员常处于射流轴心区域，射流轴心风速几乎不变，所以控制射流轴心长度是避免吹风感的关键。送风射流的断面在经过充分发展后会变为圆形，而圆形的射流断面与“凸”字形的人体上半身形状不符。射流断面形状与人体迎风面越相符则浪费的送风能耗越低，因此控制岗位通风的射流断面形状能够进一步的降低送风能耗。

7.1　岗位通风的静态靶向风口

7.1.1　多喷口耦合对射流轴心长度的影响

岗位通风方式与其他气流组织形式相似，其送风射流可以按照平面自由射流进行考虑。平面自由射流的示意图如图 7.1(a)所示，根据轴线风速的特点，可将平面自由射流分为起始段(射流轴心区域)和主体段。

射流轴心长度的计算公式为

$$x_1 = 0.67\frac{r_0}{a} \tag{7.1}$$

式中，x_1 为射流轴心长度；r_0 为风口半径；a 为湍流系数，对于圆形风口 $a=0.076$。

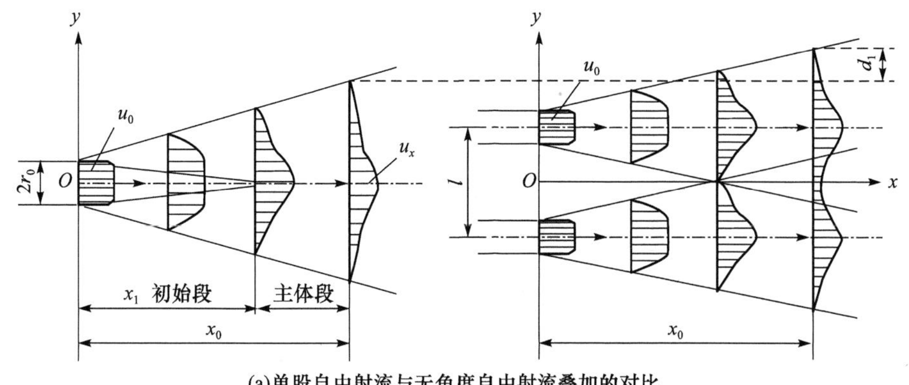

(a)单股自由射流与无角度自由射流叠加的对比

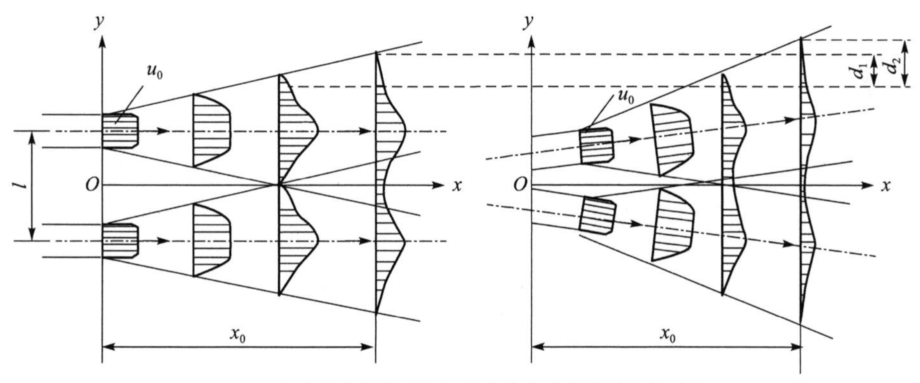

(b)无角度自由射流叠加与有角度自由射流叠加的对比

图 7.1 平面自由射流示意图

d_1. 无角度自由射流增加的流场高度；d_2. 有角度自由射流叠加增加的流场高度；l. 小风口之间的轴心距离；r_0. 风口半径；u_0. 送风口风速；u_x. 靶向区域风速；x_0. 平面自由射流长度；x_1. 射流轴心区长度

由式(7.1)可知，射流轴心长度仅和送风口面积有关，通过减小送风口面积或将一个风口分割成多个小风口，能缩短射流轴心长度。如图 7.1(a)所示，在岗位通风时，为了使人员不处于射流轴心区域，可将一股射流变成多股射流，多股射流会在距出口很短的距离内叠加。

在减小送风口面积或将一个风口分割成多个小风口的基础上，通过改变小风口的偏转角度，使射流轴心风速得到更进一步衰减，如图 7.1(b)所示。由于改变小风口偏转角度，射流面积会进一步增大，因此有角度自由射流最终可以得到更加均匀的流场和更高的流场覆盖率。

7.1.2　静态靶向风口的性能优化及对比

1. 静态靶向风口的性能优化

岗位通风所形成的室内流场为湍流，选择正确的湍流模型是数值模拟计算的前提。本节采用 RSM 模型，该模型尺寸为 3m×1.5m×3m，风口直径为 10mm，风口以对称形式布置在房间。采用非结构化网格，模拟边界条件采用对称边界条件。

本节分别对静态靶向风口和方形风口进行全尺寸试验，如图 7.2 所示，试验系统包括离心风机、静压箱、静态靶向风口、方形风口等。风机与静压箱之间采用柔性管连接，风口与静压箱采用橡胶管连接，风机风量由调速器控制。

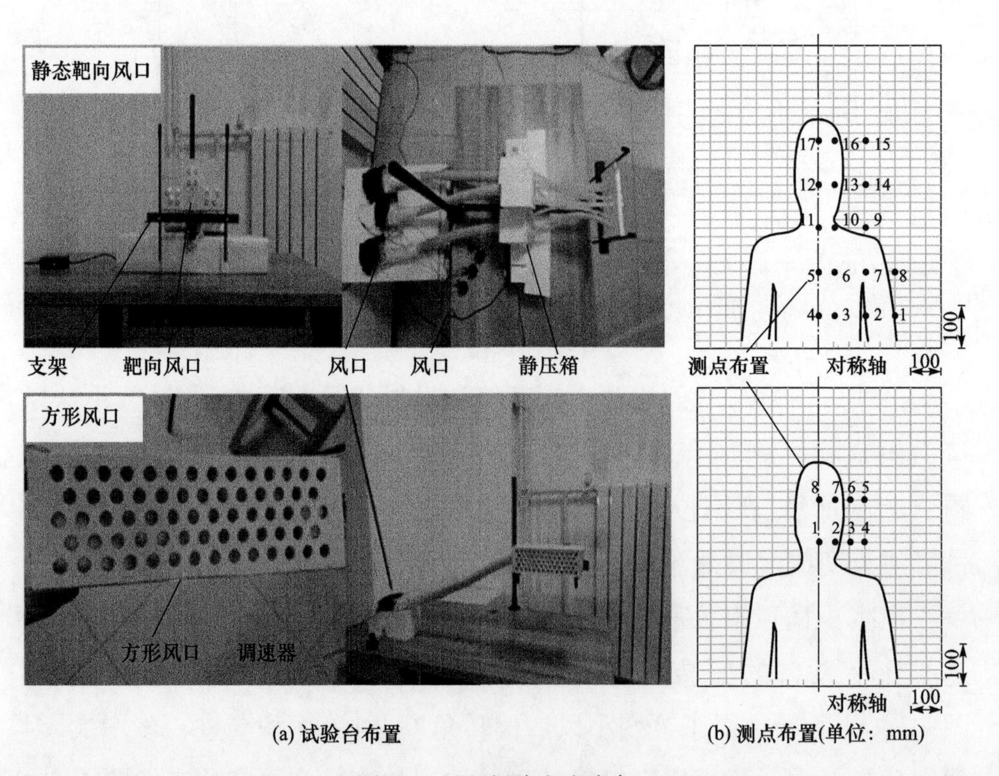

(a) 试验台布置　　(b) 测点布置(单位：mm)

图 7.2　风速测试试验台

根据真实的人体比例模型，在距离风口 0.6m 处的断面选择有代表性的 17 个测量点。在测量断面处，每个测量点采用 4min 内的测量数据平均值作为该点测量记录值。试验使用测量范围为 0.05～3.0m/s、测量精度为±3%、分辨率为 0.01m/s 的风速仪，将风速仪固定在距离风口 0.6m 的支架上，每改变测量点时使用水平仪和测量校对板对风速仪进行校准，使用风机调速器调节风机风量到指定的工况。

静态靶向风口由 12 个小风口组成，每四个小风口构成一组，如图 7.3 所示。由于小风口距离较近，射流很快叠加，形成复杂的湍流流动。射流的叠加形式随小风口偏转角度的改变而改变，形成不同的风速场。在优化小风口偏转角度时，以小风口直径 10mm、风口风速 2m/s 为基准。由于小风口呈对称布置，仅以调节对称轴左侧小风口为例进行介绍，每次调节的角度值为 0°、1°、3°、5°、7°、9°、11°、13°、15°、17°、19°、21°、23°、25°。经过 A～F 五个系列，84 次偏转角度优化获得最优的风速靶向值。

小风口偏转角度的优化如图 7.3 所示，优化过程如下：

(1) 对小风口的 β_1、β_2、β_3、β_4 进行优化，当小风口偏转角度为 17°时风速靶向值最小，此时各小风口的偏转角度如表 7.1 中 A_{10} 所示。

(2) 在 A_{10} 的基础上，对小风口的 α_1、α_2、α_3、α_4 进行优化，当小风口偏转角度为 7°时风速靶向值最小，此时各小风口的偏转角度如表 7.1 中 B_5 所示。

(3) 在 B_5 的基础上，对小风口的 α_3、α_4 进行优化，当小风口偏转角度为 11°时风速靶向值最小，此时各小风口的偏转角度如表 7.1 中 C_7 所示。

(4) 在 C_7 的基础上，对小风口的 θ_1 进行优化，当小风口偏转角度为 11°时风速靶向值最小，此时各小风口的偏转角度如表 7.1 中 D_6 所示。

(5) 在 D_6 的基础上，对小风口的 α_1、α_2 进行优化，当小风口偏转角度为 5°时风速靶向值最小，此时各小风口的偏转角度如表 7.1 中 E_4 所示。

（6）最后在 E_4 基础上，对小风口的 α_4 进行优化，当小风口偏转角度为 23°时风速靶向值最小，此时各小风口的偏转角度如表 7.1 中 F_{13}所示。

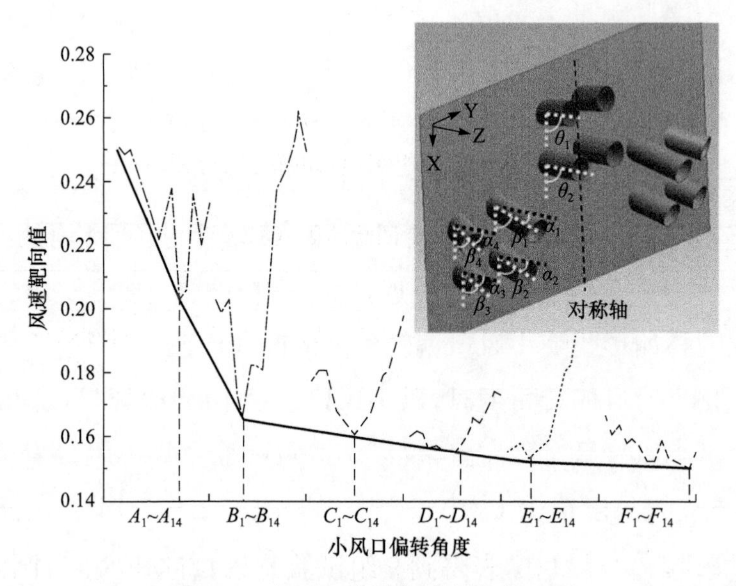

图 7.3　小风口偏转角度的优化过程

表 7.1　小风口偏转角度的优化过程

工况	小风口偏转角度									
	θ_1	θ_2	β_1	β_2	β_3	β_4	α_1	α_2	α_3	α_4
A_{10}	90°	90°	73°	73°	73°	73°	0°	0°	0°	0°
B_5	90°	90°	73°	73°	73°	73°	7°	7°	7°	7°
C_7	90°	90°	73°	73°	73°	73°	7°	7°	11°	11°
D_6	81°	90°	73°	73°	73°	73°	7°	7°	11°	11°
E_4	81°	90°	73°	73°	73°	73°	5°	5°	11°	11°
F_{13}	81°	90°	73°	73°	73°	73°	5°	5°	11°	23°

在自由射流中，当送风速度相同时，送风口面积越大射流主体段的轴心风速衰减越慢。在小风口偏转角度优化的基础上对小风口面积进行优化，确定不同小风口面积的组合形式对室内流场的影响，如图 7.4 所示，优化过程如下：

（1）保持小风口直径 D_2＝10mm 不变，对小风口直径 D_1 进行优化，当小风口直径 D_1 = 10mm 时面积靶向值最小。

(2) 保持小风口直径 D_1 = 10mm 不变，对小风口直径 D_2 进行优化，当小风口直径 D_2 = 10mm 时面积靶向值最小。

(3) 对小风口直径 D_1、D_2 进行优化，当小风口直径 $D_1 = D_2$ = 10mm 时面积靶向值最小。

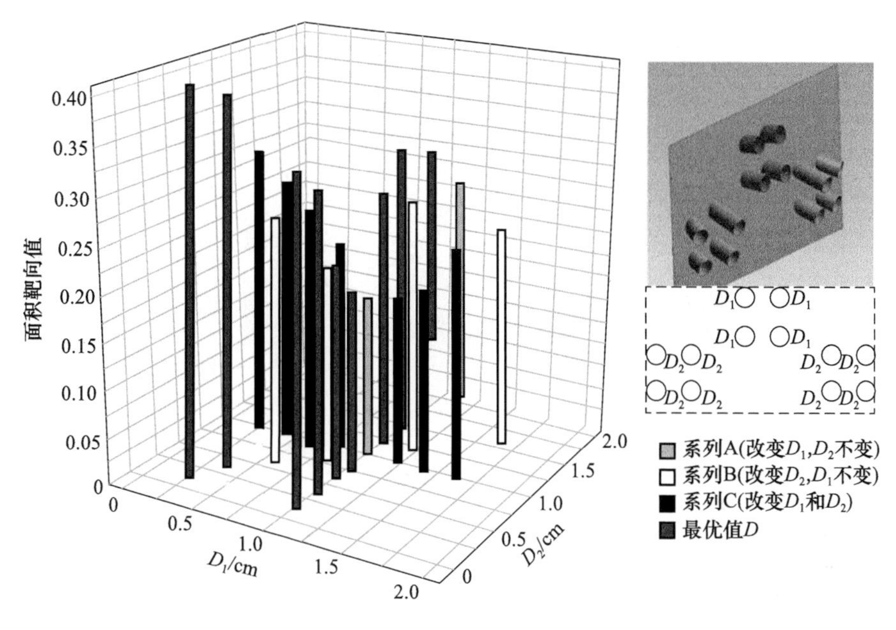

图 7.4　送风口面积优化

为了避免使人员产生吹风感，在最优面积靶向值所对应的送风口面积基础上对送风速度进行优化，如图 7.5 所示，优化过程如下：

(1) 保持送风速度 V_1 = 2m/s 不变，对送风速度 V_2 进行优化，当 V_2 = 3m/s 时风速靶向值最小。

(2) 保持送风速度 V_2 = 2m/s 不变，对送风速度 V_1 进行优化，当 V_1 = 3m/s 时风速靶向值最小。

(3) 对送风速度 V_1 和 V_2 进行优化，当 $V_1 = V_2$ = 2.5m/s 时风速靶向值最小。

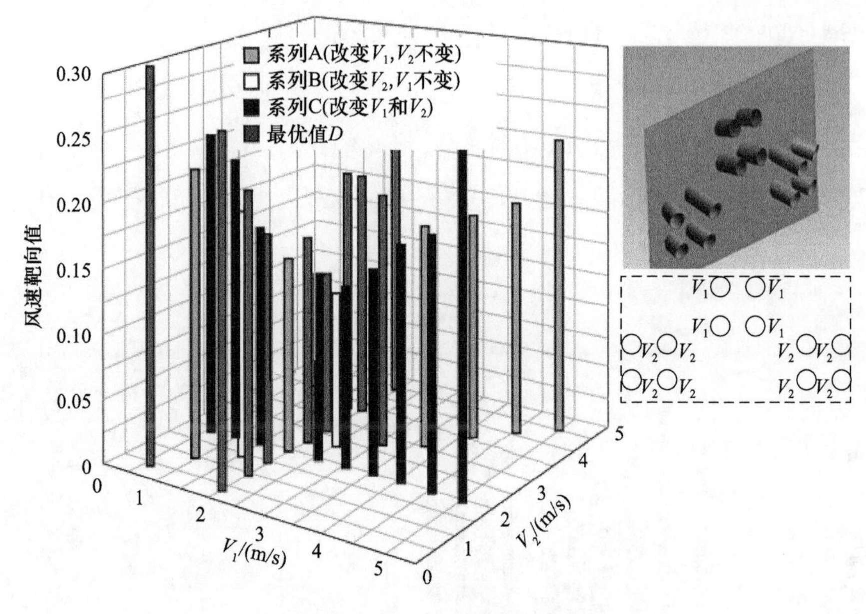

图 7.5　送风速度优化

2. 静态靶向风口的性能对比

本节对比了静态靶向风口与其他岗位风口的流场均匀度、风速靶向值和流场有效性。在每个风口送风速度相等的基础上进行数值模拟计算,分别获取距风口 0.6m 处的风速场。如图 7.6 所示,风口 1、风口 2、风口 3 的送风区域小于人员头部区域,且流场不均匀、流场中心风速偏大。将风口 3 面积分别增大 2.5 倍和 5.3 倍后,仍然存在流场不均匀、流场中心风速偏大的问题。静态靶向风口与其他岗位风口相比,静态靶向风口所形成的风速场更加均匀,风速场内的风速极差小于 0.3m/s,并且静态靶向风口的风速场对人员的覆盖性更好,具有进一步节能的潜力。

计算六种岗位风口的风速靶向值,如图 7.7 所示,静态靶向风口的风速靶向值最小。

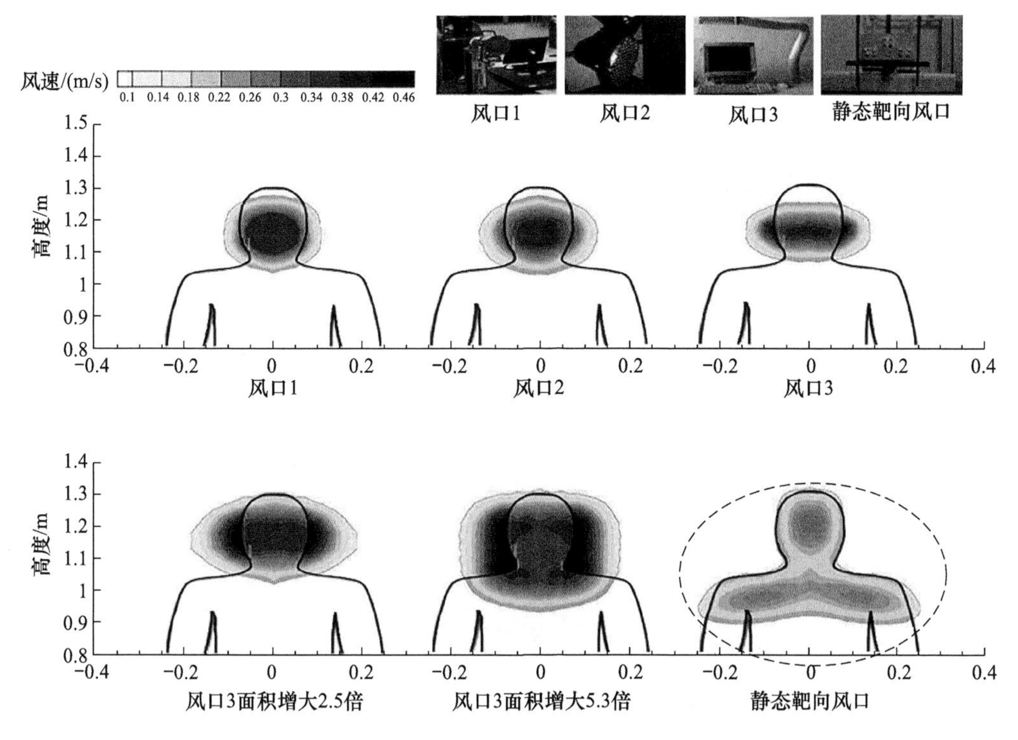

图 7.6 不同岗位风口所形成的风速场对比

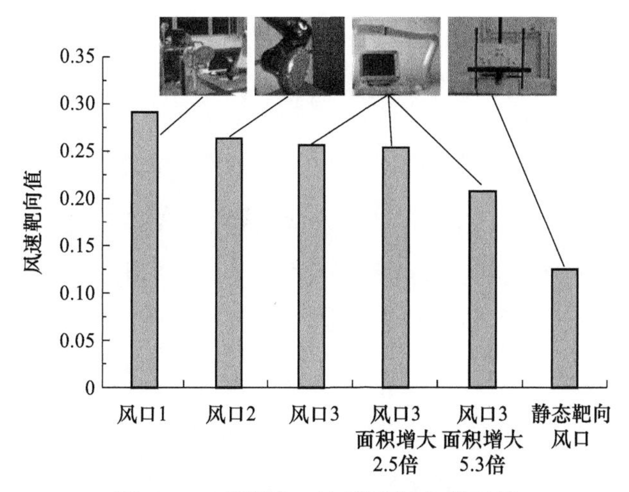

图 7.7 不同风口的风速靶向值对比

为了验证静态靶向风口在送风口偏转角度优化、送风口面积优化和送风速度优化最终结果的有效性，采用全尺寸试验测量静态靶向风口的风速场。如图 7.8 所示，测量点的风速模拟值和试验值吻合较好，证明了静态靶向风口具有良好的送风效果。

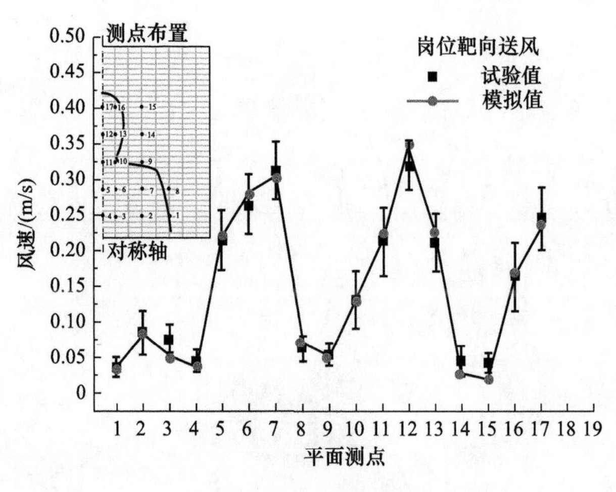

图 7.8　全尺寸试验验证

7.2　岗位通风的动态靶向风口

7.2.1　动态靶向风口的性能优化及对比

通过图像技术对人员坐姿的动态区域进行捕捉，确定送风区域并设计动态靶向风口。通过数值模拟和试验研究，采用正交试验对送风口偏转角度、送风口面积、送风速度、送风温度进行优化，提出送风温度和送风速度的调节方法。

在岗位通风的过程中，由于传统岗位风口是基于人员静态坐姿进行送风，会使得送风偏离人员所在区域，显著降低送风的可及性和有效性。基于《中国成年人人体尺寸》(GB 10000—88)[3]中人体身高中位数，本节选取一个身高为 175cm 的成年男性，对人员坐姿状态进行了动态捕捉。在人员面前放置有摄像机的电脑，其摄像机位置与拟安放的岗位风口位置一致。对人员进行 8h 不间断拍摄，拍摄 3 次，共计拍摄照片 9243 张，剔除无效图片后对图像进行了合成。通过描绘亮色图像边界得到送风区域，给出了如图 7.9(b)所示的靶向送风的边界及尺寸。

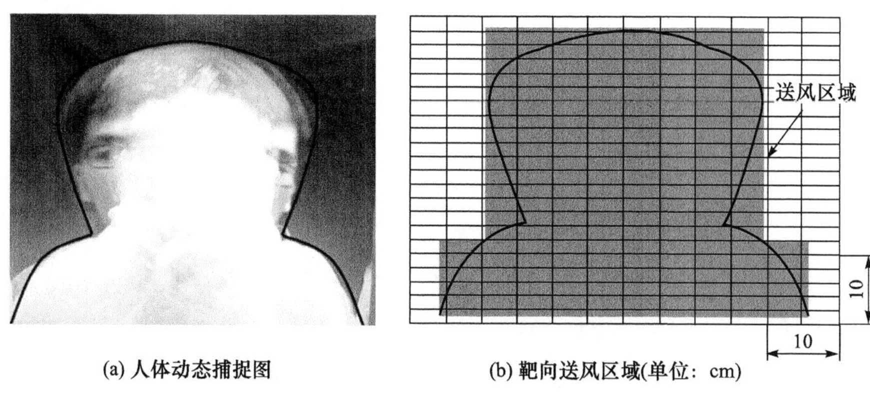

(a) 人体动态捕捉图　　(b) 靶向送风区域(单位：cm)

图 7.9　人员坐姿的动态区域捕捉

1. 动态靶向风口的性能优化

为了获得目标区域的风速场，本节提出了一个由 16 个小风口组成的动态靶向风口，小风口之间的位置关系如图 7.10 所示。由于小风口偏转角度与风速场形状直接相关，故先优化小风口偏转角度，并在确定的小风口偏转角度基础上，采用正交试验方法对小风口面积和送风速度依次优化。

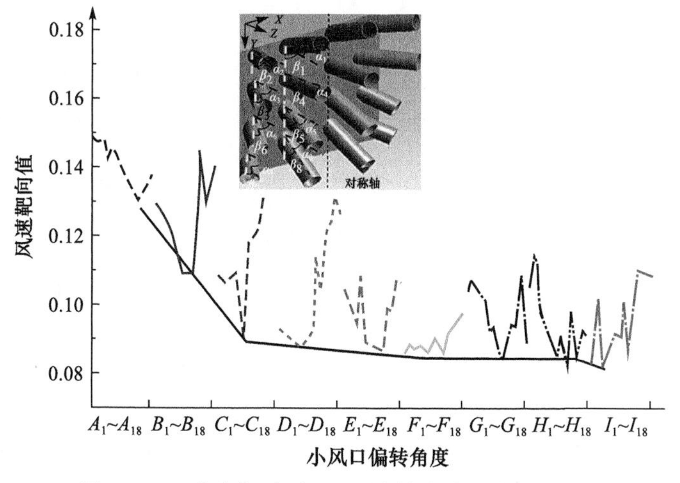

图 7.10　动态靶向小风口偏转角度的优化过程

如图 7.10 所示，该动态靶向风口由 16 个小风口组成，8 个为一组并呈对称布置。由于小风口之间的距离较近，射流会互相干扰形成复杂的湍流运动，因此当小风口的偏转角度发生改变时，会呈现不同的流场形式。

在小风口偏转角度优化时，假设小风口的直径为 10mm，送风速度为 3m/s。由于小风口呈对称布置，以下仅以对称轴左侧的小风口为例进行介绍。小风口偏转的角度为 0°、2°、4°、6°、8°、10°、12°、14°、16°、18°、20°、22°、24°、26°、28°、30°、32°、34°。经过 A～I 九个系列、144 次偏转角度优化获得最优的风速靶向值。

小风口偏转角度的优化如图 7.10 所示，优化过程如下：

(1) 对小风口的 β_5、β_6、β_7、β_8 进行偏转角度优化，当小风口偏转角度为 68°时风速靶向值最小，此时各小风口的偏转角度如表 7.2 中 A_{12}所示。

(2) 在 A_{12}的基础上，对小风口的 α_5、α_6、α_7、α_8 进行偏转角度优化，当小风口偏转角度为 6°时风速靶向值最小，此时各小风口的偏转角度如表 7.2 中的 B_9 所示。

(3) 在 B_9 的基础上，对小风口的 α_1、α_2、α_3、α_4 进行偏转角度优化，当小风口偏转角度为 12°时风速靶向值最小，此时各小风口的偏转角度如表 7.2 中的 C_3 所示。

(4) 在 C_3 的基础上，对小风口的 α_1、α_2 进行偏转角度优化，当小风口偏转角度为 2°时风速靶向值最小，此时各小风口的偏转角度如表 7.2 中的 D_5所示。

(5) 在 D_5 的基础上，对小风口的 β_3、β_4 进行偏转角度优化，当小风口偏转角度为 64°时风速靶向值最小，此时各小风口的偏转角度如表 7.2 中的 E_{10}所示。

(6) 在 E_{10}的基础上，对小风口的 α_6、α_7 进行偏转角度优化，当小风口偏转角度为 32°时风速靶向值最小，此时各小风口的偏转角度如表 7.2 中 F_6 所示。

(7) 在 F_6 的基础上,对小风口的 α_2、α_3 进行偏转角度优化,当小风口偏转角度为 30°时风速靶向值最小,此时各小风口的偏转角度如表 7.2 中 G_8 所示。

(8) 在 G_8 的基础上,对小风口的 β_1 进行偏转角度优化,当小风口偏转角度为 112°时风速靶向值最小,此时各小风口的偏转角度如表 7.2 中 H_9 所示。

(9) 在 H_9 的基础上,对小风口的 β_2 进行偏转角度优化,当小风口偏转角度为 104°时风速靶向值最小,此时各小风口的偏转角度如表 7.2 中 I_3 所示。

表 7.2 动态靶向风口偏转角度的优化过程

工况	小风口偏转角度															
	α_1	α_2	α_3	α_4	α_5	α_6	α_7	α_8	β_1	β_2	β_3	β_4	β_5	β_6	β_7	β_8
A_{12}	0°	0°	0°	0°	0°	0°	0°	0°	90°	90°	90°	90°	68°	68°	68°	68°
B_9	0°	0°	0°	0°	6°	6°	6°	6°	90°	90°	90°	90°	68°	68°	68°	68°
C_3	12°	12°	12°	12°	6°	6°	6°	6°	90°	90°	90°	90°	68°	68°	68°	68°
D_5	2°	12°	12°	2°	6°	6°	6°	6°	90°	90°	90°	90°	68°	68°	68°	68°
E_{10}	2°	12°	12°	2°	6°	6°	6°	6°	90°	90°	90°	90°	64°	68°	68°	64°
F_6	2°	12°	12°	2°	6°	32°	32°	6°	90°	90°	90°	90°	64°	68°	68°	64°
G_8	2°	30°	30°	2°	6°	32°	32°	6°	90°	90°	90°	90°	64°	68°	68°	64°
H_9	2°	30°	30°	2°	6°	32°	32°	6°	112°	90°	90°	90°	64°	68°	68°	64°
I_3	2°	30°	30°	2°	6°	32°	32°	6°	112°	104°	90°	90°	64°	68°	68°	64°

在自由射流中,送风口面积直接影响射流的轴心风速,送风口面积越大,射流主体段的轴心风速衰减越慢。送风口面积也会影响射流的叠加,为了研究不同送风口面积的组合形式,在优化送风口偏转角度的基础上对送风口面积进行优化。

在对送风口面积优化时,采用正交试验的方法,将小风口按照位置分成 4 组,小风口直径有 8mm、9mm、10mm、11mm、12mm 五种形式。设计正交试验表,共 25 种组合形式,分别计算面积靶向值,并选择面积靶向值最小的风口直径。

为了使人员获得最佳的舒适感，在优化送风口面积的基础上，对送风速度进行了优化。仍然采用上述正交试验的方法，将小风口按照位置分成 4 组，送风速度有 2m/s、2.5m/s、3m/s、3.5m/s、4m/s 五种形式。设计正交试验表，共有 25 种组合形式，分别计算风速靶向值，并选择风速靶向值最小的送风速度。

在送风口偏转角度和送风口面积优化之后，分析送风温度和送风速度对靶向区域内温度场和风速场影响的解耦关系。如图 7.11 所示，靶向区域的风速与送风速度直接相关，与送风温度无关，且靶向区域的平均风速波动微小（$\Delta V<0.02$m/s）。如图 7.12 所示，靶向区域的温度与送风温度有关，与送风速度无关，且靶向区域的平均温度波动微小（$\Delta t<0.4$℃）。因此人员可根据自身需求单独改变送风温度和送风速度。

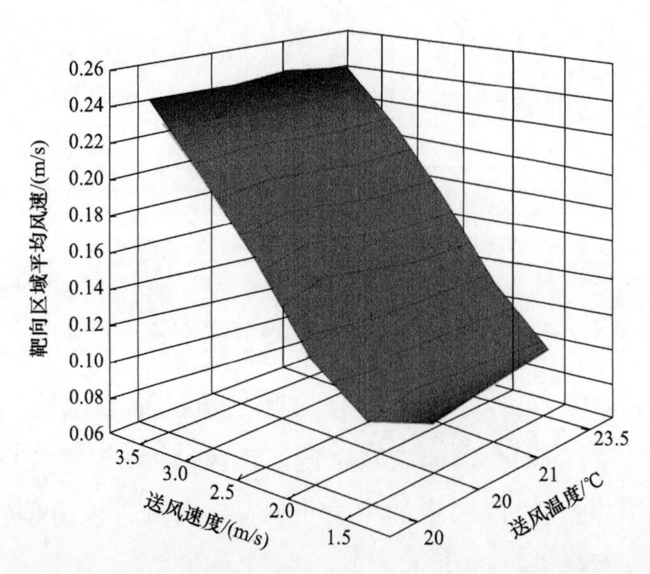

图 7.11　不同送风温度和送风速度下的靶向区域平均风速

2. 动态靶向风口的性能对比

为进一步验证动态靶向风口的送风效果，将该风口与已有的岗位风口[4]在流场均匀度、风速靶向值和流场有效性三个方面进行了对比。在每个风口送风速度相等的基础上进行数值模拟计算，分别获取距风口0.6m处的风速场。

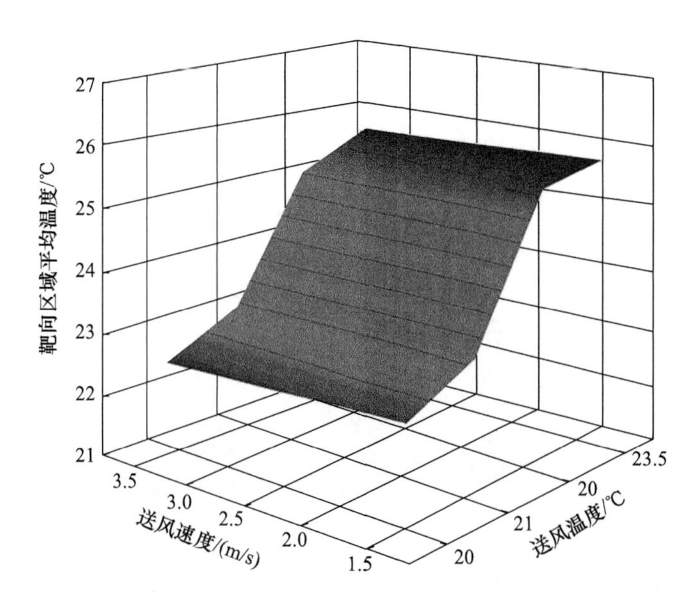

图7.12　不同送风速度和送风温度下的靶向区域平均温度

如图7.13所示，圆形风口1、圆形风口2和方形风口1不能将头部区域完全覆盖，头部区域的风速场不均匀且中心风速偏大。将方形风口1面积扩大为原来的7.7倍，得到方形风口2后，仍然存在头部区域风速场不均匀且中心风速偏大等问题。虽然静态靶向风口送风均匀，但无法覆盖靶向区域。本节提出的动态靶向风口与上述5种风口相比，风速场更加均匀且场内的风速极差小于0.3m/s。

如图7.14所示，动态靶向风口的风速靶向值最小，送风可及性最好。根据能耗计算公式(6.2)，在保证送风可及性的情况下，动态靶向风口能够显著节能88.2%。在能耗相当时，动态靶向风口的送风可及性提升了48%。综合送风可及性与节能性，动态靶向风口优于其他风口。

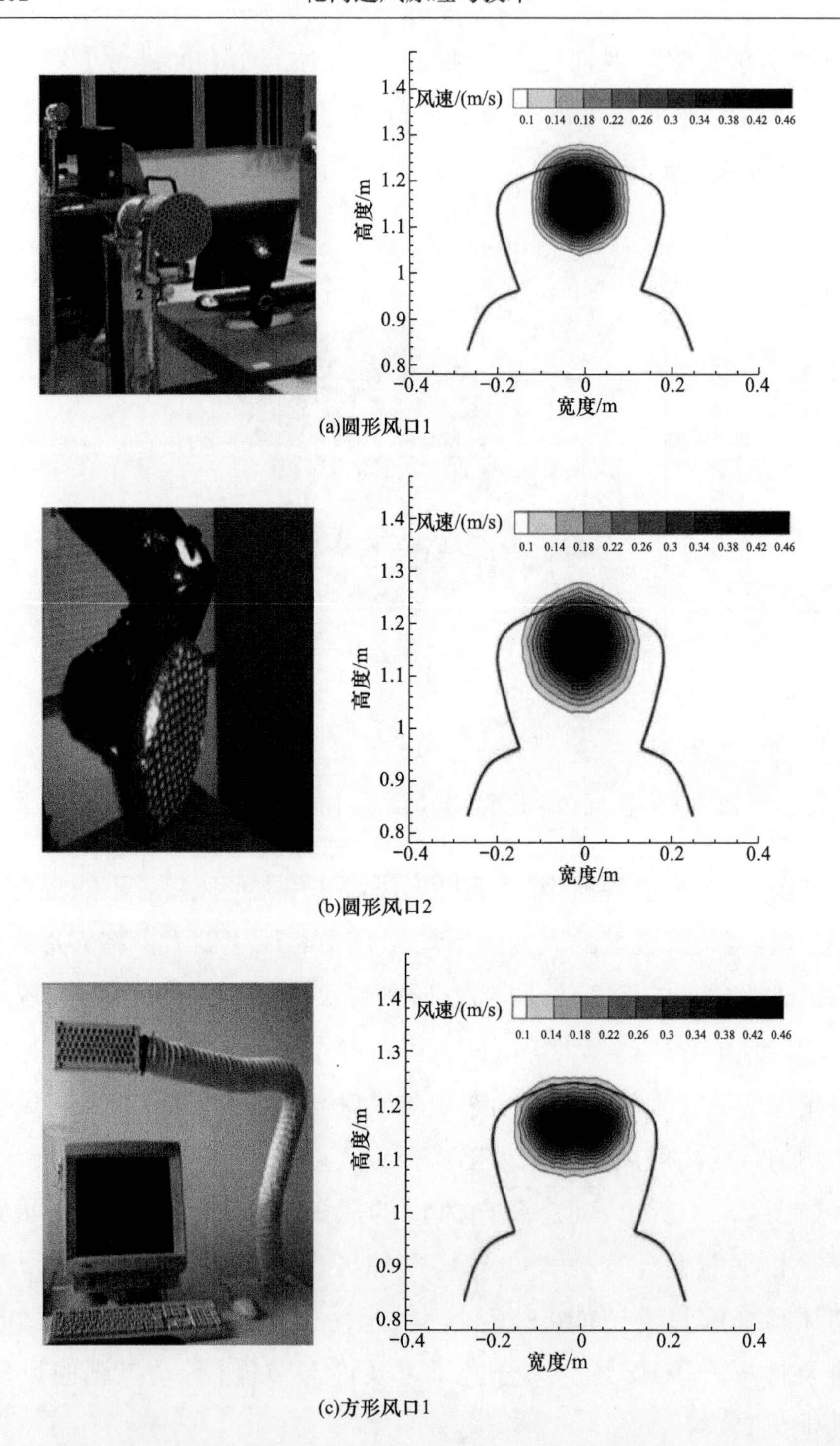

(a)圆形风口1

(b)圆形风口2

(c)方形风口1

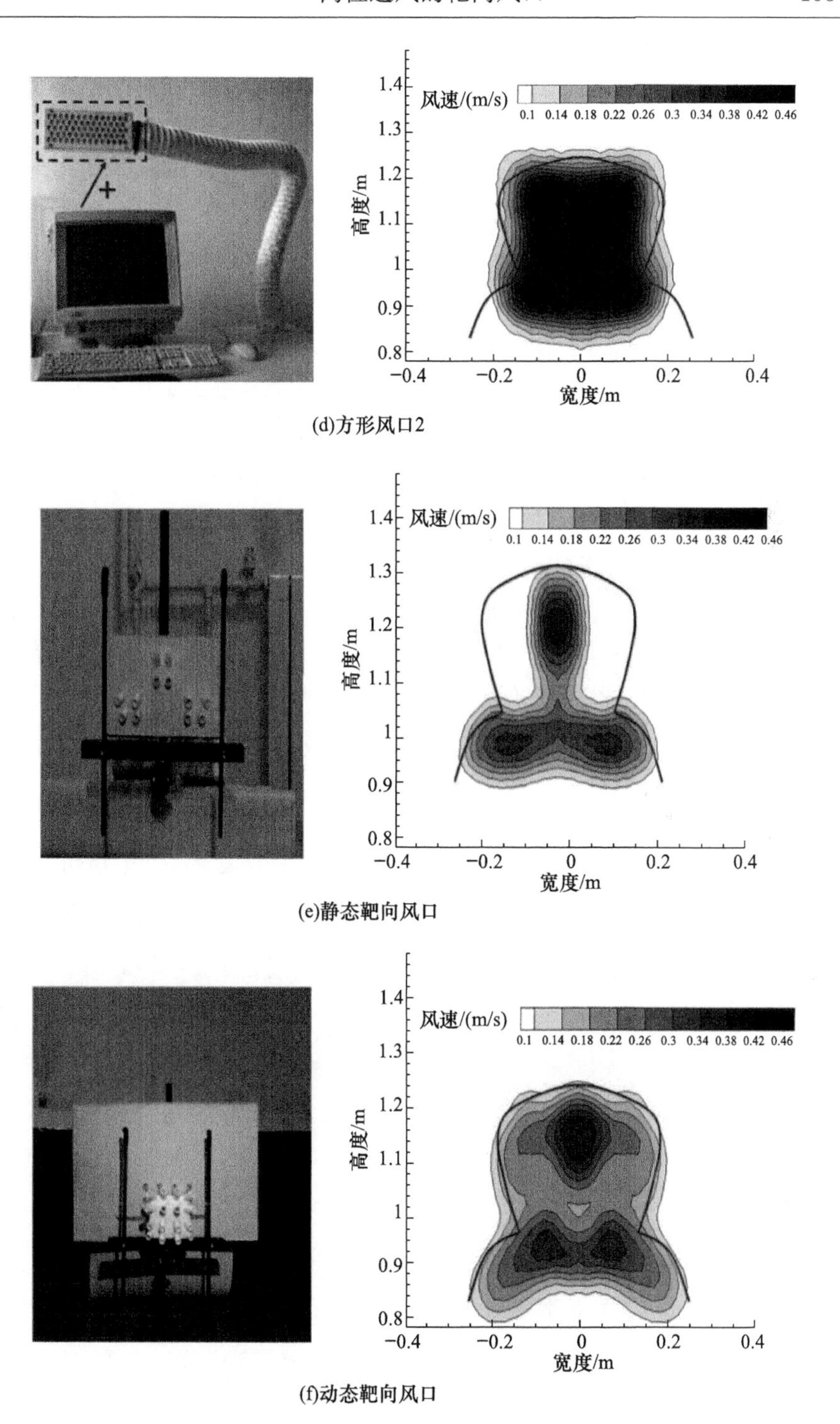

(d)方形风口2

(e)静态靶向风口

(f)动态靶向风口

图 7.13　不同岗位通风风口的风速场对比

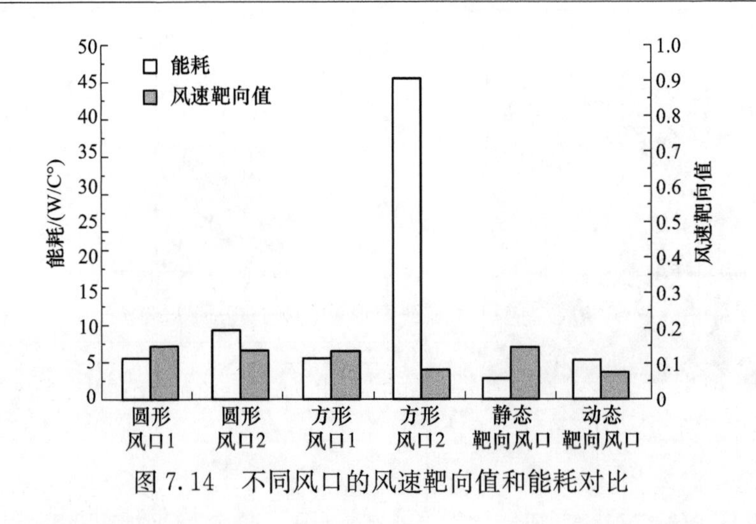

图 7.14　不同风口的风速靶向值和能耗对比

7.2.2　人员倾斜状态下的风口调整方法

人员在正常坐姿下除了有垂直坐姿以外还会有前倾状态，对于岗位风口而言，应当满足各种工况下的送风舒适性。中国成年男性的坐姿高度为 0.947m，垂直坐姿的坐姿颈椎点高度为 0.691m，取坐姿高度和颈椎高度的中间值 0.819m 作为该人群的面部高度。对某男性的坐姿前倾进行了追踪，描绘出该男性一天之内的前倾角度。经过分析计算，该男性的最大前倾角度 $\phi=37°$，如图 7.15 所示，此时面部向前移动的水平距离 $\Delta d=0.493\text{m}$，头部垂直下降距离 $\Delta h=0.165\text{m}$。

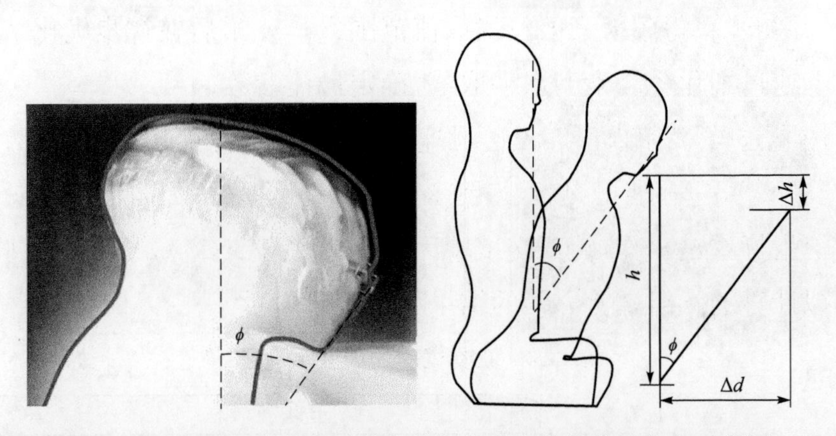

图 7.15　人员坐姿状态下最大前倾角度和脸部位置变化示意图

为了验证垂直坐姿下动态靶向风口的送风效果，在送风口偏转角度优化、送风口面积优化和送风速度优化的最终结果上，采用全尺寸试验测量动态靶向风口的风速场。如图 7.16 所示，测量点风速模拟值和试验值吻合较好，证明了该动态靶向风口具有良好的送风效果。

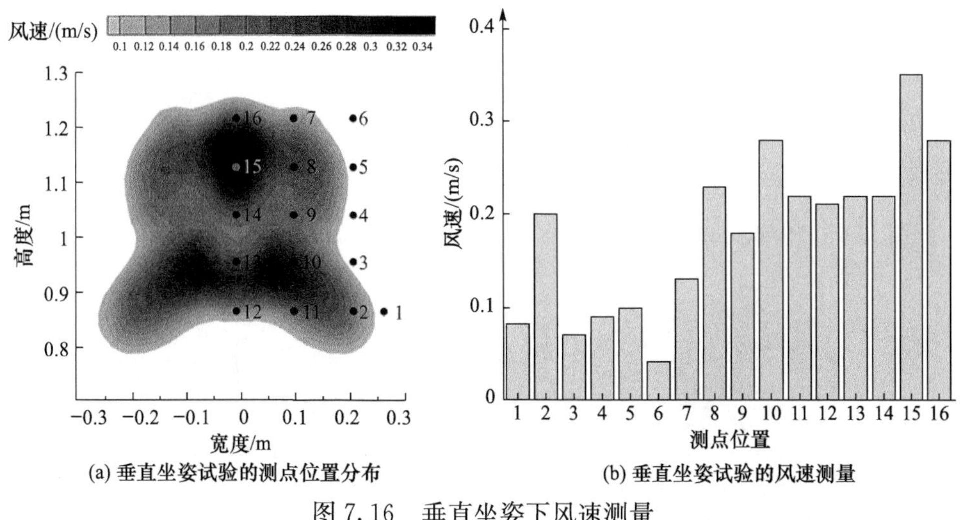

(a) 垂直坐姿试验的测点位置分布　(b) 垂直坐姿试验的风速测量

图 7.16　垂直坐姿下风速测量

在人员最大前倾角度下，通过改变动态靶向风口位置，将风口倾斜放置，此时动态靶向风口倾斜角度和人前倾角度之间的关系如图 7.17 所示，计算公式为

$$\psi=\arctan\left(\frac{h-h\cos\phi}{d-h\sin\phi}\right) \tag{7.2}$$

本节采取试验的方法对上述动态靶向风口的角度调节效果进行了验证。试验过程中动态靶向风口的前倾角度为 15.37°，测量点布置平面的前倾角度为最大前倾角度 37°，测量结果以及试验误差分析如图 7.18 所示。

综上所述，在人员坐姿状态下最大前倾角度的情况下，测量点的风速模拟值和试验值吻合较好。通过调整送风口的倾角，动态靶向风口能满足各种工况的通风需求。

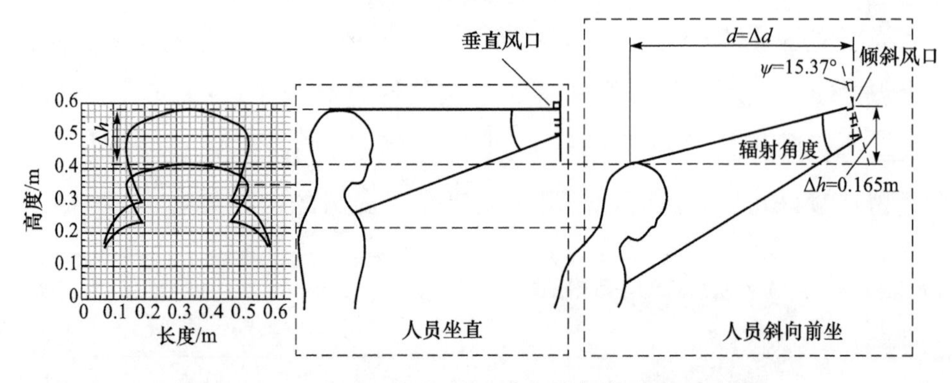

图 7.17　人员坐姿状态下最大前倾角度的示意图

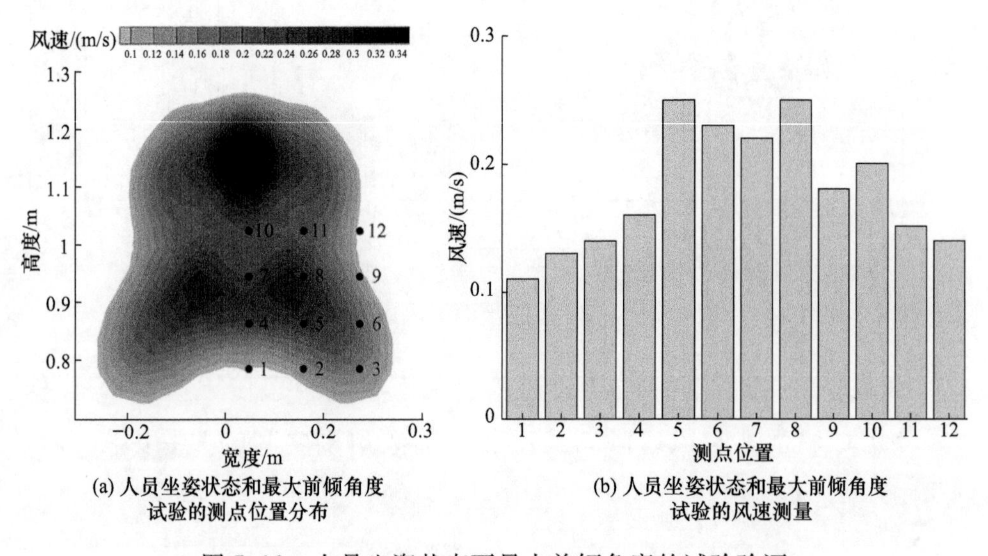

(a) 人员坐姿状态和最大前倾角度试验的测点位置分布

(b) 人员坐姿状态和最大前倾角度试验的风速测量

图 7.18　人员坐姿状态下最大前倾角度的试验验证

7.3　岗位通风的靶向供氧风口

7.3.1　弥散式岗位靶向供氧

人的一生中 1/3 以上的时间都是处于睡眠状态，睡眠环境对于提升人员的工作效率、改善人员的身体健康十分重要[5]。氧气含量是影响睡眠环境的重要因素，在室内封闭、高海拔等缺氧场所，营造舒适的氧气环境对于改善人员的睡眠质量具有非常积极的作用。

由于氧气的价格昂贵，通常采用呼吸面罩或鼻插管供氧末端形式来减少氧气的浪费。呼吸面罩会限制人员的行动，使佩戴者感到不舒适，特别是处于睡眠状态时会增强不适感。弥散式供氧形式比呼吸面罩或鼻插管形式更适合睡眠环境，但弥散式供氧形式耗氧量巨大，因此，需要通过优化气流组织来降低弥散式供氧形式的耗氧量。

在高海拔地区，氧气含量不足，容易诱发急性高原反应、高原性肺水肿、高原性脑水肿等一系列高原疾病[6]。在 1630～2590m 的海拔地区，人员在血氧过少的四天内，出现大量的周期性呼吸和睡眠障碍[7]。在 3700～3800m 的海拔地区，人员在氧气浓度 24％的富氧房间内睡眠，呼吸暂停的次数和暂停的时间会减少，动脉血氧饱和度和慢波睡眠时间会增加，睡眠质量得到改善[8]。在 4000～5000m 的海拔地区，氧气含量每增加 1％，等效海拔高度约降低 300m[9]。从氧气成本来考虑，在满足人员对于氧气需求的基础上，应尽量减少耗氧量进而降低氧气供应成本。

本节设计了一种岗位通风的靶向供氧风口，并提出一种评价靶向区域氧气覆盖效果的评价指标。通过图像捕捉技术确定人员睡姿状态下的动态呼吸区域为供氧靶向区域。利用 CFD 数值模拟，调整靶向供氧风口的倾斜角度和小风口偏转角度，实现人员在睡眠状态下动态呼吸区域的全覆盖供氧，并采用试验方法验证供氧靶向区域氧气覆盖效果。

在人员睡眠状态等特定工作生活环境下，只需对人员平躺、翻身时的口鼻区域进行供氧即可。这样可以用较低的耗氧量，满足人员睡眠状态下呼吸需求。

为确定供氧靶向区域，本节选定一名身高 175cm 的成年男性，捕捉其睡眠状态下的动态呼吸区域，并定义此区域为供氧靶向区域。摄像机安装高度和位置与拟安放风口的高度和位置完全重合，对人员进行 8h 的不间断拍摄，拍摄 3 次，共计拍摄照片 1923 张，剔除如起身、抬手等无效图片，并对有效图片进行合成。如图 7.19(a)所示，口鼻区域为亮色，其他区域为暗色，在图像合成中主要捕捉了亮色位置，通过描绘亮色图像边界，并对描绘曲线进行线性拟合，得到供氧靶向区域边界所对应的函数式，如图 7.19(b)所示。

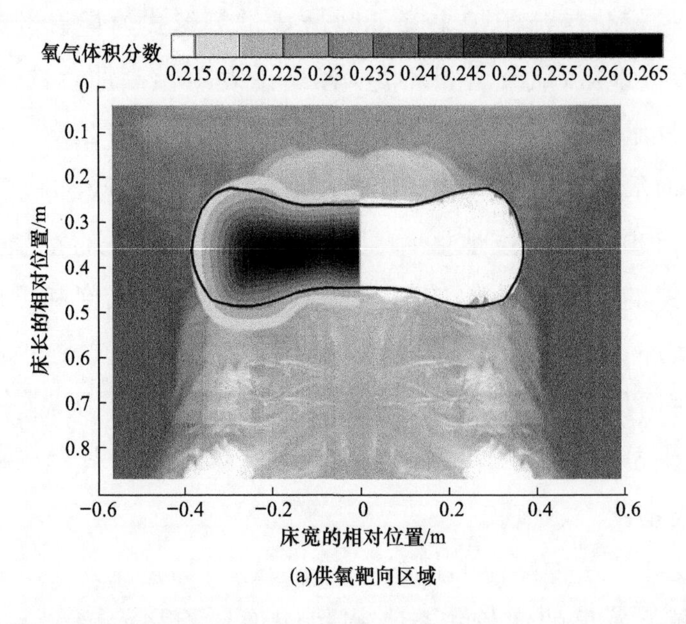

(a)供氧靶向区域

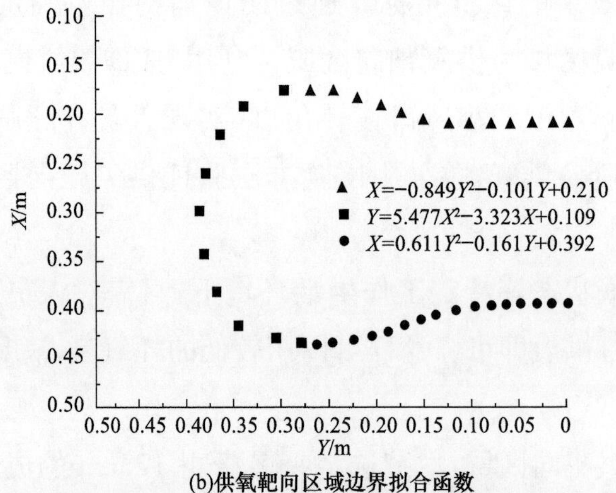

(b)供氧靶向区域边界拟合函数

图 7.19　供氧靶向区域及拟合函数

靶向供氧风口应当满足可及性的要求，使氧气覆盖整个动态区域。在优化靶向供氧风口的形式时，将面积靶向值作为优化结果的评价指标。空气中的氧气体积分数为21%，因此供氧靶向区域氧气体积分数下限为21%，供氧靶向区域内氧气体积分数大于21%的部分，则认为氧气已经覆盖到该部分。而供氧靶向区域内氧气体积分数为21%的部分与空气中氧气浓度相同，氧气浓度未发生变化，则认为氧气未能覆盖该区域，供氧效果不理想。与此同时，还期望供氧靶向区域外氧气体积分数仍为21%，从而满足减少耗氧量的需求。

靶向供氧风口应当满足均匀性的要求，使氧气均匀地覆盖整个动态区域。以海拔3800m为例，人员在氧气体积分数为24%的环境下睡眠，可以减少呼吸暂停次数及暂停时间，动脉血氧饱和度增加。基于此，浓度靶向值作为供氧靶向区域内供氧均匀性的评价指标，并将24%作为供氧靶向区域所期望到达的氧气体积分数，21%作为供氧靶向区域外所期望到达的氧气体积分数。

7.3.2 靶向供氧风口性能优化及对比

1. 靶向供氧风口倾斜角度及小风口偏转角度优化

为了获得预期目标的氧气浓度分布，本节设计一个由12个小风口组成的靶向供氧风口，6个小风口一组呈对称布置。由于小风口对称布置，优化过程以对称轴左侧小风口为例。整个优化过程以海拔3800m氧气体积分数升高到24%为目标，由于靶向供氧风口的倾斜角度和小风口偏转角度都与氧气浓度分布直接相关，所以利用正交试验对靶向供氧风口的倾斜角度进行调节，在此基础上对小风口偏转角度进行调节，并以面积靶向值作为评价指标，面积靶向值最小的靶向供氧风口模型为设计的最优模型。

靶向供氧风口倾斜角度发生改变时，浓度分布会呈现不同的形状。

本节首先调节风口所在面的倾斜角度，如图 7.20 所示，A 系列为调整倾斜角度 θ_1 为 0°、2°、4°、5°、6°、7°、8°、9°、10°、11°、12°、13°、14°、15°、16°、17°、18°、19°、20°时所计算的面积靶向值，当倾斜角为 10°时，面积靶向值最小。

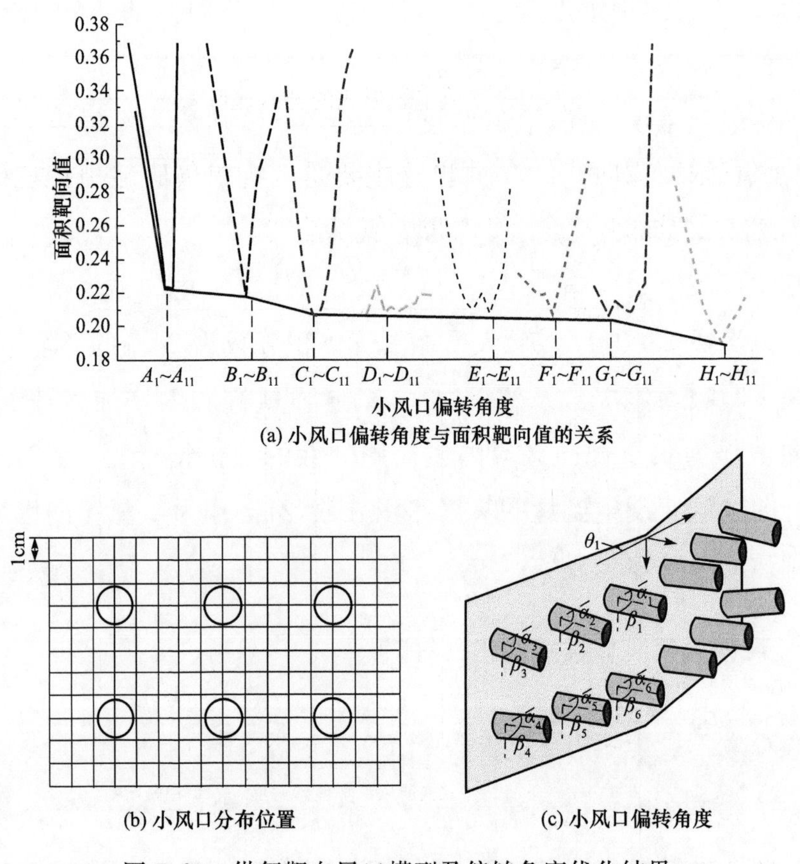

(a) 小风口偏转角度与面积靶向值的关系

(b) 小风口分布位置

(c) 小风口偏转角度

图 7.20　供氧靶向风口模型及偏转角度优化结果

小风口之间的距离越近，射流会越快发生叠加，并且互相干扰形成复杂的湍流运动。因此当小风口的偏转角度发生改变时，会呈现不同的氧气浓度分布。在靶向供氧风口的倾斜角度为 10°、小风口直径为 15mm、风速为 0.5m/s、氧气体积分数为 55％的基础上，在－10°～10°之间每次以 2°调节小风口的偏转角度。如 7.21 所示，B 系列是同时调节 β_1、β_2、β_3 角度的面积靶向值曲线。C 系列是在 B 系列的基础上同时调

节 β_4、β_5、β_6 角度的面积靶向值曲线。D 系列是在 C 系列的基础上同时调节 β_3、β_4 角度的面积靶向值曲线。E 系列是 D 系列的基础上同时调节 α_3、α_4 角度的面积靶向值曲线。F 系列是在 E 系列的基础上同时调节 α_2、α_5 角度的面积靶向值曲线。G 系列是在 F 系列的基础上同时调节 α_1、α_6 角度的面积靶向值曲线。H 系列是在 G 系列的基础上调节 β_3 角度的面积靶向值曲线。经过一系列的正交试验，最终确定 $\theta_1=10°$、$\alpha_1=84°$、$\alpha_2=90°$、$\alpha_3=94°$、$\alpha_4=94°$、$\alpha_5=90°$、$\alpha_6=84°$、$\beta_1=88°$、$\beta_2=88°$、$\beta_3=78°$、$\beta_4=98°$、$\beta_5=92°$、$\beta_6=92°$供氧靶向区域的面积靶向值最小。

2. 靶向供氧送风口氧气浓度调节

在对送风口氧气浓度进行定义时，将风口按照位置分成 af、be、cd 三组，每组氧气体积分数有 45%、50%、55%、60%、65%五种形式。优化过程中采用正交试验法，正交试验中共有 25 种组合形式。根据正交试验的 25 组数据计算浓度靶向值，如图 7.21 所示，当做到第 24 组试验时，即当小风口 af 的氧气体积分数为 45%、小风口 be 的氧气体积分数为 45%、小风口 cd 的氧气体积分数为 45%时，浓度靶向值最小，为 0.004423，因此靶向供氧风口在应用时送风口氧气浓度应按照上述设定。

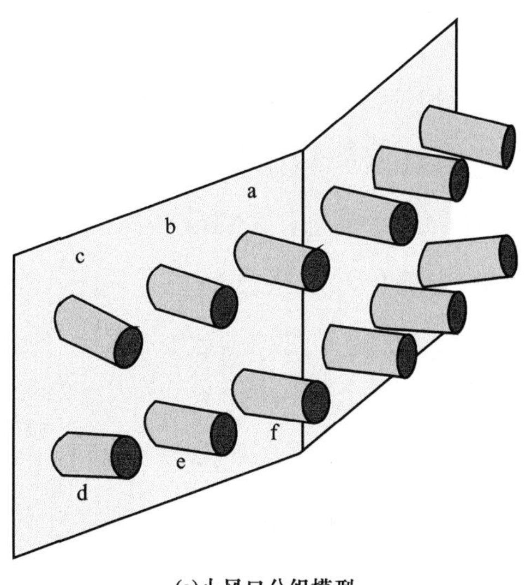

(a)小风口分组模型

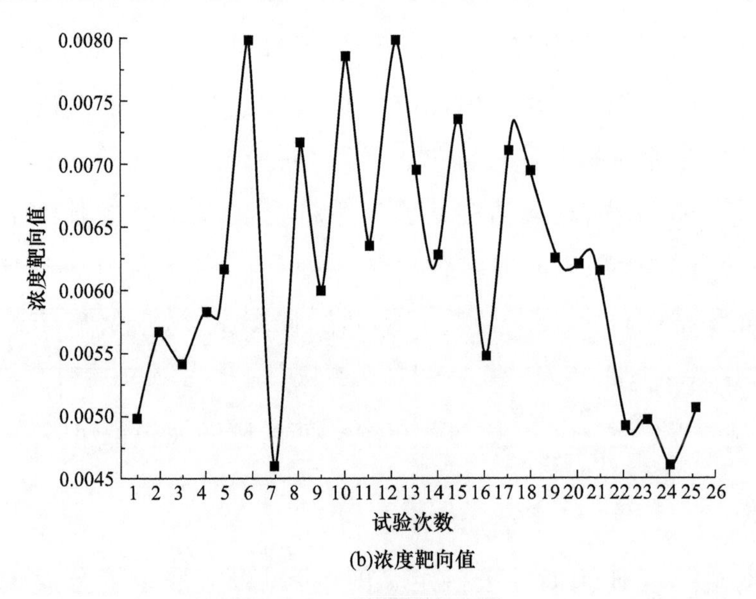

(b)浓度靶向值

图 7.21　模型模拟试验

3. 供氧靶向区域的氧气浓度和平均风速调节

供氧靶向区域的平均风速和氧气浓度不仅会直接影响人员在睡眠环境下的热舒适和氧气供应，而且还决定了系统的耗氧量，因此应对供氧靶向区域的平均风速和氧气浓度单独调节，这就需要验证二者的相对独立性。如图 7.22 所示，分别设定五组送风口氧气体积分数为 45%、50%、55%、60%、65%的试验，每一组试验中将送风速度从 0.5m/s 提高到 2.0m/s。供氧靶向区域的平均氧气浓度试验数据表明，供氧靶向区域的平均氧气浓度不随着送风速度的改变而发生变化，只与送风口的氧气浓度有关，不同送风速度下呼吸区域的平均氧气浓度波动较小。同理，如图 7.23 所示，分别设定四组送风速度为 0.5m/s、1.0m/s、1.5m/s、2.0m/s 的试验，每一组试验中将送风口氧气体积分数从 45%提高到 65%。供氧靶向区域的平均风速试验数据表明，供氧靶向区域的平均风速不随着送风口氧气浓度的改变而发生变化，供氧靶向区域的平均风速只与送风速度有关，在不同送风口氧气浓度下呼吸区域的平均风速波动较小。因此，试验验证供氧靶向区域的平均风速和氧气浓度二者具有相对独立性。

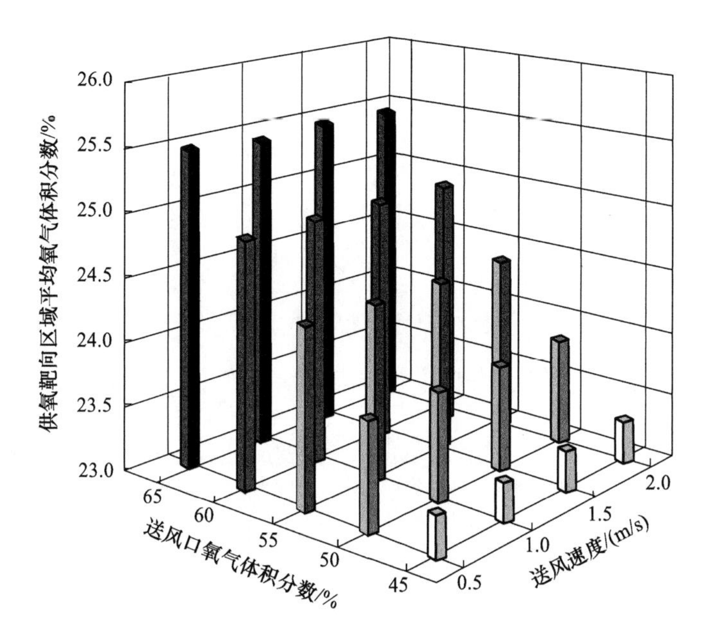

图 7.22　不同氧气浓度和送风速度下供氧靶向区域的平均氧气浓度

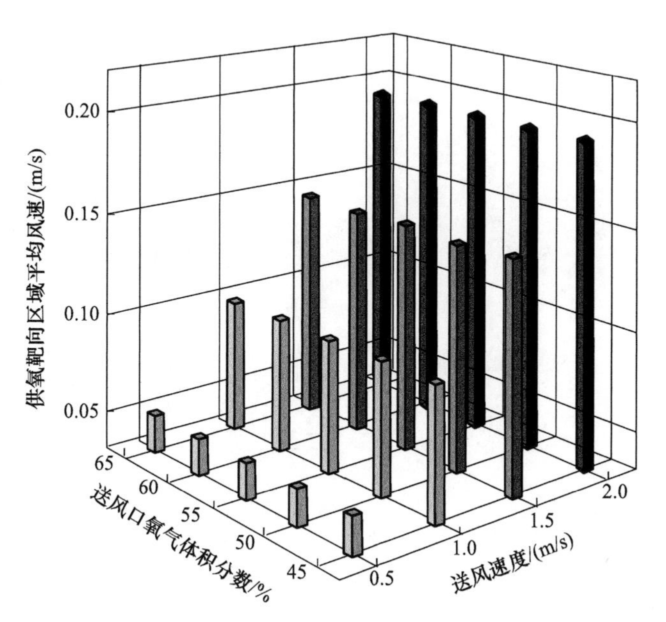

图 7.23　不同氧气浓度和送风速度下供氧靶向区域的平均风速

7.3.3　不同气流组织形式供氧效果对比

1. 不同气流组织形式供氧效果及耗氧量分析

为了验证靶向供氧风口的效果，对比工程常见的气流组织形式如上送下回形式、置换通风和床头个性化通风中供氧靶向区域的供氧效果。以供氧靶向区域氧气体积分数升高3%为目标，通过氧气浓度靶向值评价各气流组织形式的供氧效果。对比靶向供氧风口的岗位通风与其他富氧气流组织形式的流场均匀度、氧气浓度靶向值、流场有效性以及耗氧量，分别获取供氧靶向区域的氧气浓度场，如图7.24所示。

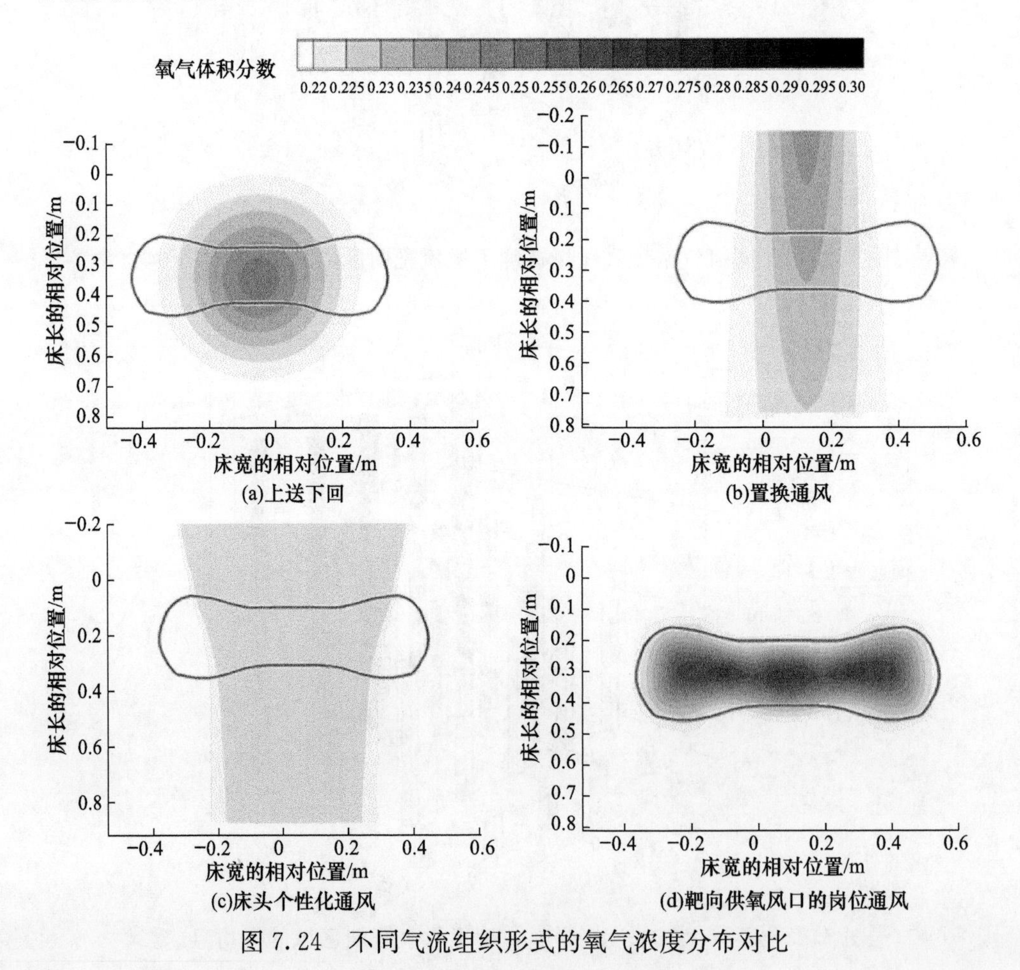

图7.24　不同气流组织形式的氧气浓度分布对比

从图 7.24 中可以看出，上送下回、置换通风、床头个性化通风三种气流组织形式均不能将呼吸区域完全覆盖，流场不均匀，与上述富氧气流组织形式对比，靶向供氧风口对动态呼吸区域实现全覆盖，供氧靶向区域内氧气浓度分布更加均匀。

不同气流组织形式在氧气浓度靶向值最小的工况下的耗氧量为

$$Q=VA(C_s-C_o) \tag{7.3}$$

式中，Q 为耗氧量，m^3/h；V 为送风速度，m/s；A 为送风口面积，m^2；C_s 为送风口氧气浓度值；C_o 为室内环境的氧气浓度值。

通过数值模拟分析，计算各气流组织形式的氧气浓度靶向值和耗氧量，氧气浓度靶向值越小，供氧覆盖性越好，耗氧量越低，系统越节能。如图 7.25 所示，靶向供氧风口的岗位通风相比于其他气流组织形式，氧气浓度靶向值最小，耗氧量最低，可节约 42%的耗氧量。

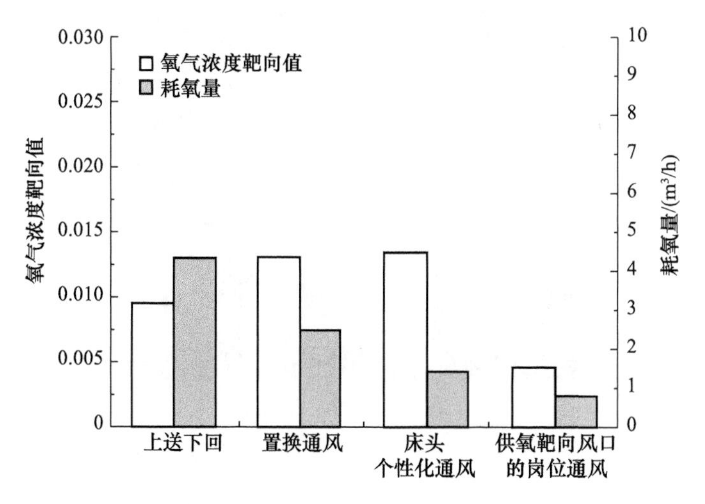

图 7.25 不同富氧气流组织氧气浓度靶向值及耗氧量比较

2. 纹影成像试验分析

为了确定人体呼吸气流及热羽流对动态睡姿靶向供氧气流的影响，采用纹影成像技术。如图 7.26 所示，在呼出、屏息以及吸气状态下，富氧气流仍可较好地覆盖睡姿状态下人体的呼吸区域，呼吸气流及热羽流对靶向供氧风口的供氧效果影响较小。

(a)呼出状态富氧气流供应

(b)屏息状态富氧气流供应

(c)吸气状态富氧气流供应

图 7.26 不同呼吸状态下富氧气流图像

为验证人员动态睡姿下靶向供氧风口对呼吸区域的供氧效果，引入无因次供氧效率，即

$$\varepsilon=\frac{C_{\mathrm{i},k}-C_{\mathrm{p},k}}{C_{\mathrm{s}}-C_{\mathrm{p},k}} \tag{7.4}$$

式中，$C_{\mathrm{i},k}$为供氧后测量点处的氧气浓度（通过模拟或试验测得）；$C_{\mathrm{p},k}$为

供氧前测量点处的氧气浓度(通过模拟或试验测得);C_s 为送风口的氧气浓度。

在对靶向供氧风口倾斜角、小风口偏转角度调节和送风口氧气浓度优化的最终结果上,采用全尺寸试验测量靶向供氧风口的氧气浓度场,分析对比各测量点试验结果的无因次供氧效率和模拟结果无因次供氧效率,测量点布置如图 7.27 所示。

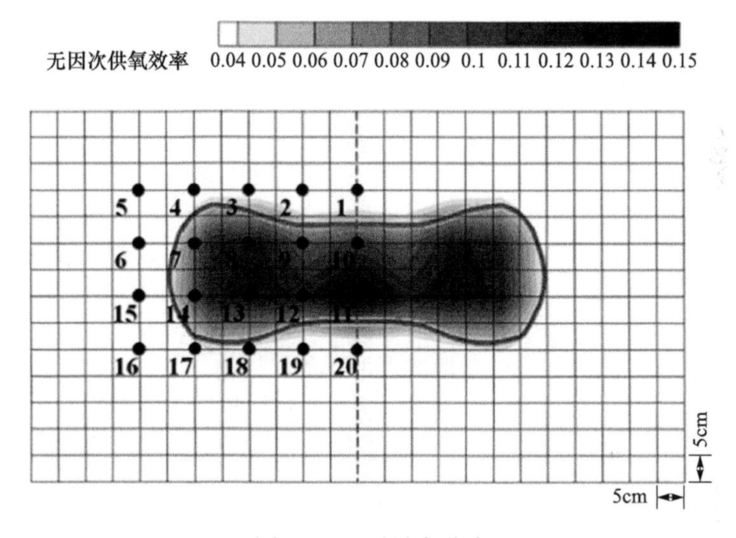

图 7.27 测量点分布

如图 7.28 所示,呼吸区域内外各测量点无因次供氧效率的试验值和模拟值吻合较好,证明了靶向供氧风口在不同氧气浓度环境下供氧效果均有良好的效果。

本节设计了一种适用于人员睡眠状态下的靶向供氧风口,通过图像捕捉技术得到人员睡姿状态下的呼吸区域,确定为靶向供氧的目标区域,为实现对呼吸区域的全覆盖供氧,引入面积靶向值、氧气浓度靶向值、无因次供氧效率作为评价指标。本节通过定义靶向供氧风口倾斜角、小风口偏转角度和送风口氧气浓度,确定模型尺寸,并通过全尺寸试验验证了靶向供氧风口的实施效果。靶向供氧风口实现了对人员动态睡姿下呼吸区域的全覆盖供氧，提高了流场的可及性，采用多风口耦合的方式，使呼吸区域的氧气浓度分布更加均匀。靶向供氧风口与其他富氧气流组织形式相比，提高了呼吸区域氧气的覆盖率，并且节约了 42% 氧气量。呼吸区域的送风速度和氧气浓度具有可调节性，使得该靶向供氧风口可以更加广泛应用于不同海拔高度和不同热舒适需求人群。

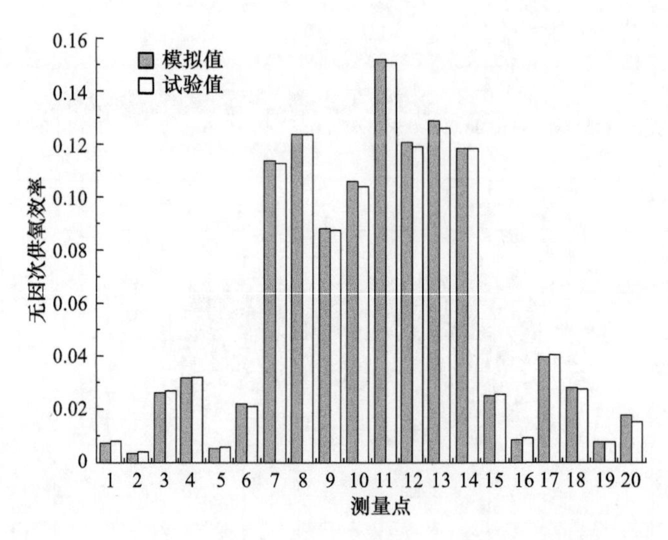

图 7.28　点 1～20 模拟值与试验值无因次供氧效率对比

参 考 文 献

[1] ASHRAE. 2010 ASHRAE Standard. American Society of Heating, Refrigeration and Air-Conditioning Engineers[M]. Atlanta, 2010.

[2] Yang J, Chandra S, David C, et al. Performance evaluation of an integrated personalized ventilation-personalized exhaust system in conjunction with two background ventilation systems[J]. Building and Environment, 2014, 78: 103-110.

[3] 中华人民共和国国家标准. 中国成年人人体尺寸(GB 10000—88)[S]. 北京：中国标准出版社，1988.

[4] Kaczmarczyk J, Melikov A, Fanger P O. Human response to personalized ventila-

tion and mixing ventilation[J]. Indoor Air,2004,14(s8):17-29.

[5] Hirshkowitz M,Whiton K,Albert S M,et al. National Sleep Foundation's sleep time duration recommendations: Methodology and results summary[J]. Sleep Health,2015,1(1):40-43.

[6] Li Y,Zhang Y,Zhang Y. Research advances in pathogenesis and prophylactic measures of acutehigh altitude illness[J]. Respiratory Medicine,2018,145:145-152.

[7] Latshang T D,Christian L C M,Stöwhas A C,et al. Are nocturnal breathing,sleep,and cognitive performance impaired at moderate altitude (1630—2590m) [J]. Sleep,2013,36(12):1969-1976.

[8] Barash I A,Beatty C,Powell F L,et al. Nocturnal oxygen enrichment of room air at 3800 meter altitude improves sleep architecture[J]. High Altitude Medicine and Biology,2001,2(4):525-533.

[9] West J B. Oxygen enrichment of room air to improve well-being and productivity at high altitude[J]. International Journal of Occupational and Environmental Health,1999,5(3):187-193.